NATURKUNDEN

启
蛰

讲述自然的故事

犀 牛

［德］洛塔尔·弗伦茨　著

韩嫣　译

北京出版集团

北京出版社

今天我们为什么还需要博物学？

李雪涛

一

在德文中，Naturkunde的一个含义是英文的natural history，是指对动植物、矿物、天体等的研究，也就是所谓的博物学。博物学是18、19世纪的一个概念，是有关自然科学不同知识领域的一个整体表述，它包括对今天我们称之为生物学、矿物学、古生物学、生态学以及部分考古学、地质学与岩石学、天文学、物理学和气象学的研究。这些知识领域的研究人员被称为博物学家。1728年英国百科全书的编纂者钱伯斯（Ephraim Chambers, 1680—1740）在《百科全书，或艺术与科学通用辞典》（*Cyclopaedia, or an Universal Dictionary of Arts and Sciences*）一书中附有"博物学表"（Tab. Natural History），这在当时是非常典型的博物学内容。尽管从普遍意义上来讲，有关自然的研究早在古代和中世纪就已经存在了，但真正的

"博物学"却是在近代出现的，只是从事这方面研究的人仅仅出于兴趣爱好而已，并非将之看作一种职业。德国文学家歌德（Johann Wolfgang von Goethe, 1749 — 1832）就曾是一位博物学家，他用经验主义的方法，研究过地质学和植物学。在18世纪至19世纪之前，自然史（historia naturalis）[1] —— 博物学的另外一种说法 —— 一词是相对于政治史和教会史而言的，用以表示所有科学研究。传统上，自然史主要以描述性为主，而自然哲学则更具解释性。

近代以来的博物学之所以能作为一个研究领域存在的原因在于，著名思想史学者洛夫乔伊（Arthur Schauffler Oncken Lovejoy, 1873 — 1962）认为世间存在一个所谓的"众生链"（the Great Chain of Being）：神创造了尽可能多的不同事物，它们形成一个连续的序列，特别是在形态学方面，因此人们可以在所有这些不同的生物之间找到它们之间的联系。柏林自由大学的社会学教授勒佩尼斯（Wolf Lepenies, 1941 —   ）认

---

[1] 不论在古代，还是中世纪，拉丁文中的"historia"既包含着中文的"史"，也有"志"的含义，而在"historia naturalis"中主要强调的是对自然的观察和分类。近代以来，特别是18世纪至19世纪，"historia naturalis"成为了德文的"Naturgeschichte"，而"自然志"脱离了史学，从而形成了具有历史特征的"自然史"。

为，"博物学并不拥有迎合潮流的发展观念"。德文的"发展"（Entwicklung）一词，是从拉丁文的"evolvere"而来的，它的字面意思是指已经存在的结构的继续发展，或者实现预定的各种可能性，但绝对不是近代达尔文生物进化论意义上的新物种的突然出现。18世纪末到19世纪，在欧洲开始出现自然博物馆，其中最早的是1793年在巴黎建立的国家自然博物馆（Muséum national d'histoire naturelle）；在德国，普鲁士于1810年创建柏林大学之时，也开始筹备自然博物馆（Museum für Naturkunde）了；伦敦的自然博物馆（Natural History Museum）建于1860年；维也纳的自然博物馆（Naturhistorisches Museum）建于1865年。这些博物馆除了为大学的研究人员提供当时和历史的标本之外，也开始向一般的公众开放，以增进人们对博物学知识的了解。

德国历史学家科泽勒克（Reinhart Koselleck, 1923—2006）曾在他著名的《历史基本概念 ——德国政治和社会语言历史辞典》一书中，从德语的学术语境出发，对德文的"历史"（Geschichte）一词进行了历史性的梳理，从中我们可以清楚地看出博物学/自然史与历史之间的关联。从历史的角度来看，文艺复兴以后，西方的学者开始使用分类的方式划分和归纳历史的全部知识领域。他们将历史分为神圣史（historia divina）、文明史（historia civilis）和自然史，而所依据的撰述方式是将史学定义为叙事（erzählend）或描写（beschreibend）的艺术。由于受到基督教神学造物主/受造物的二分法的影响，当时具有天主教背景的历史学家习惯将历史分为自然史（包括自然与人的历史）和神圣历史（historia sacra），例如利普修斯（Justus Lipsius, 1547—1606）就将描述性的自然志（historia naturalis）与叙述史（historia narrativa）对立起来，并将后者分为神圣历史和人的历史（historia humana）。科泽勒克认为，随着大航海时代的开始，西方对海外殖民地的掠夺和新大陆以及新民族的发现使时间开始向过去延展。到了17世纪，人们对过去的认识就已不再局限于《圣经》记载的创世时序了。通过莱布尼茨（Gottfried Wilhelm Leibniz, 1646—1716）和康德（Immanuel Kant, 1724—1804）的努力，自然的时间化（Verzeitlichung）着眼于无限的未来，打开了自然有限的过去，也为人们历史地阐释自然做了铺垫。到了18世纪，博物学慢慢脱离了史学学科。科泽勒克认为，赫尔德（Johann Gottfried Herder, 1744—1803）最终完成了从自然志向自然史的转变。

二

尽管在中国早在西晋就有张华（232—300）十卷本的《博物志》印行，但其内容所涉及的多是异境奇物、琐闻杂事、神仙方术、地理知识、人物传说等等，更多的是文学方面的"志怪"题材作品。其后出现的北魏时期郦道元（约470—527）著《水经注》、贾思勰著《齐民要术》（成书于533—544年间），北宋时期沈括（1031—1095）著《梦溪笔谈》等，所记述的内容虽然与西方博物学著作有很多近似的地方，但更倾向于文学上的描述，与近代以后传入中国的"博物学"系统知识不同。其实，真正给中国带来了博物学的科学知识，并且在中国民众中起到了科学启蒙和普及作用的是自19世纪后期开始从西文和日文翻译的博物学书籍。

尽管"博物"一词是汉语古典词，但"博物馆""博物学"等作为"和制汉语"的日本造词却产生于近代，即便是"博物志"一词，其对应上"natural history"也是在近代日本完成的。如果我们检索《日本国语大辞典》的话，就会知道，博物学在当时是动物学、植物学、矿物学以及地质学的总称。据《公议所日志》载，明治二年（1869）开设的科目就有和学、汉学、医学和博物学。而近代以来在中文的语境下最早使用

"博物学"一词是1878年傅兰雅《格致汇编》第二册《江南制造总局翻译系书事略》："博物学等书六部，计十四本"。将"natural history"翻译成"博物志""博物学"，是在颜惠庆（W. W. Yen, 1877—1950）于1908年出版的《英华大辞典》中。这部辞典是以当时日本著名的《英和辞典》为蓝本编纂的。据日本关西大学沈国威教授的研究，有关植物学的系统知识，实际上在19世纪中叶已经介绍到中国和使用汉字的日本。沈教授特别研究了《植学启原》（宇田川榕庵著，1834）与《植物学》（韦廉臣、李善兰译，1858）中的植物学用语的形成与交流。也就是说，早在"博物学"在中国、日本被使用之前，有关博物学的专科知识已经开始传播了。

三

　　这套有关博物学的小丛书系由德国柏林的Matthes & Seitz出版社策划出版的。丛书的内容是传统的博物学，大致相当于今天的动物学、植物学、矿物学，涉及有生命和无生命，对我们来说既熟悉又陌生的自然。这些精美的小册子，以图文并茂的方式，不仅讲述有关动植物的自然知识，并且告诉我们那些曾经对世界充满激情的探索活动。这套丛书中每一本的类型都不尽相同，但都会让读者从中得到可信的知识。其中的插图，既有专门的博物学图像，也有艺术作品（铜版画、油画、照片、文学作品的插图）。不论是动物还是植物，书的内容大致可以分为两个部分：前一部分是对这一动物或植物的文化史描述，后一部分是对分布在世界各地的动植物肖像之描述，可谓是丛书中每一种动植物的文化史百科全书。

这套丛书是由德国学者编纂，用德语撰写，并且在德国出版的，因此其中运用了很多"德国资源"：作者会讲述相关的德国故事［在讲到猪的时候，会介绍德文俗语 "Schwein haben"（字面意思是：有猪；引申义是：幸运），它是新年祝福语，通常印在贺年卡上］；在插图中也会选择德国的艺术作品［如在讲述荨麻的时候，采用了文艺复兴时期德国著名艺术家丢勒（Albrecht Dürer, 1471 — 1528）的木版画］；除了传统的艺术之外，也有德国摄影家哈特菲尔德（John Heartfield, 1891 — 1968）的作品《来自沼泽的声音：三千多年的持续近亲繁殖证明了我的种族的优越性！》——艺术家运用超现实主义的蟾蜍照片，来讽刺1935年纳粹颁布的《纽伦堡法案》；等等。除了德国文化经典之外，这套丛书的作者们同样也使用了对于欧洲人来讲极为重要的古埃及和古希腊的例子，例如在有关猪的文化史中就选择了古埃及的壁画以及古希腊陶罐上的猪的形象，来阐述在人类历史上，猪的驯化以及与人类的关系。丛书也涉及东亚的艺术史，举例来讲，在《蟾》一书中，作者就提到了日本的葛饰北斋（1760—1849）创作于1800年左右的浮世绘《北斋漫画》，特别指出其中的"河童"（Kappa）也是从蟾蜍演化而来的。

  从装帧上来看，丛书每一本的制作都异常精心：从特种纸彩印，到彩线锁边精装，无不透露着出版人之匠心独运。用这样的一种图书文化来展示的博物学知识，可以给读者带来独特而多样的阅读感受。从审美的角度来看，这套书可谓臻于完善，书中的彩印，几乎可以触摸到其中的纹理。中文版的翻译和制作，同样秉持着这样的一种理念，这在翻译图书的制作方面，可谓用心。

四

  自20世纪后半叶以来，中国的教育其实比较缺少博物学的内容，这也在一定程度上造成了几代人与人类的环境以及动物之间的疏离。博物学的知识可以增加我们对于环境以及生物多样性的关注。

我们这一代人所处的时代，决定了我们对动植物的认识，以及与它们的关系。其实一直到今天，如果我们翻开最新版的《现代汉语词典》，在"猪"的词条下，还可以看到一种实用主义的表述："哺乳动物，头大，鼻子和口吻都长，眼睛小，耳朵大，四肢短，身体肥，生长快，适应性强。肉供食用，皮可制革，鬃可制刷子和做其他工业原料。"这是典型的人类中心主义的认知方式。这套丛书的出版，可以修正我们这一代人的动物观，从而让我们看到猪后，不再只是想到"猪的全身都是宝"了。

以前我在做国际汉学研究的时候，知道国际汉学研究者，特别是那些欧美汉学家，他们是作为我们的他者而存在的，因此他们对中国文化的看法就显得格外重要。而动物是我们人类共同的他者，研究人类文化史上的动物观，这不仅仅对某一个民族，而是对全人类都十分重要的。其实人和动植物之间有着更为复杂的关系。从文化史的角度，对动植物进行描述，这就好像是在人和自然之间建起了一座桥梁。

拿动物来讲，它们不仅仅具有与人一样的生物性，同时也是人的一面镜子。动物寓言其实是一种特别重要的具有启示性的文学体裁，常常具有深刻的哲学内涵。古典时期有

《伊索寓言》，近代以来比较著名的作品有《拉封丹寓言》《莱辛寓言》《克雷洛夫寓言》等等。法国哲学家马吉欧里（Robert Maggiori, 1947—　　）在他的《哲学家与动物》（*Un animal, un philosophe*）一书中指出："在开始'思考动物'之前，我们其实就和动物（也许除了最具野性的那几种动物之外）有着简单、共同的相处经验，并与它们架构了许许多多不同的关系，从猎食关系到最亲密的伙伴关系。……哲学家只有在他们就动物所发的言论中，才能显现出其动机的'纯粹'。"他进而认为，对于动物行为的研究，可以帮助人类"看到隐藏在人类行径之下以及在他们灵魂深处的一切"。马吉欧里在这本书中，还选取了《庄子的蝴蝶》一则，来说明欧洲以外的哲学家与动物的故事。

五

很遗憾的是，这套丛书的作者，大都对东亚，特别是中国有关动植物丰富的历史了解甚少。其实，中国古代文献包含了极其丰富的有关动植物的内容，对此在德语世界也有很多介绍和研究。19世纪就有德国人对中国博物学知识怀有好奇心，比如，汉学家普拉斯（Johann Heinrich Plath, 1802—

1874）在1869年发表的皇家巴伐利亚科学院论文中，就曾系统地研究了古代中国人的活动，论文的前半部分内容都是关于中国的农业、畜牧业、狩猎和渔业。1935年《通报》上发表了劳费尔（Berthold Laufer, 1874 — 1934）有关黑麦的遗著，这种作物在中国并不常见。有关古代中国的家畜研究，何可思（Eduard Erkes, 1891 — 1958）写有一系列的专题论文，涉及马、鸟、犬、猪、蜂。这些论文所依据的材料主要是先秦的经典，同时又补充以考古发现以及后世的民俗材料，从中考察了动物在祭礼和神话中的用途。著名汉学家霍福民（Alfred Hoffmann, 1911 — 1997）曾编写过一部《中国鸟名词汇表》，对中国古籍中所记载的各种鸟类名称做了科学的分类和翻译。有关中国矿藏的研究，劳费尔的英文名著《钻石》（*Diamond*）依然是这方面最重要的专著。这部著作出版于1915年，此后门琴－黑尔芬（Otto John Maenchen-Helfen, 1894 — 1969）对有关钻石的情况做了补充，他认为也许在《淮南子》第二章中就已经暗示中国人知道了钻石。

此外，如果具备中国文化史的知识，可以对很多话题进行更加深入的研究。例如中文里所说的"飞蛾扑火"，在德文中用"Schmetterling"更合适，这既是蝴蝶又是飞蛾，同时象征着灵魂。由于贪恋光明，飞蛾以此焚身，而得到转生。这是歌德的《天福的向往》(*Selige Sehnsucht*)一诗的中心内容。

前一段时间，中国国家博物馆希望收藏德国生物学家和鸟类学家卫格德(Max Hugo Weigold，1886—1973)教授的藏品，他们向我征求意见，我给予了积极的反馈。早在1909年，卫格德就成为了德国鸟类学家协会(Deutsche Ornithologen-Gesellschaft)的会员，他被认为是德国自然保护的先驱之一，正是他将自然保护的思想带给了普通的民众。作为动物学家，卫格德单独命名了5个鸟类亚种，与他人合作命名了7个鸟类亚种。另有大约6种鸟类和7种脊椎动物以他的名字命名，举例来讲：分布在吉林市松花江的隆脊异足猛水蚤的拉丁文名字为*Canthocamptus weigoldi*；分布在四川洪雅瓦屋山的魏氏齿蟾的拉丁文名称为*Oreolalax weigoldi*；分布于甘肃、四川等地的褐顶雀鹛四川亚种的拉丁文名为*Schoeniparus brunnea weigoldi*。这些都是卫格德首次发现的，也是中国对世界物种多样性的贡献，在他的日记中有详细的发现过程的记录，弥足珍贵。卫格德1913年来中国进行探险旅行，1914年在映秀(Wassuland，毗邻现卧龙自然保护区)的猎户那里购得"竹熊"(Bambus-bären)的皮，成为第一个在中国看到大熊猫的西方博物学家。

卫格德记录了购买大熊猫皮的经过，以及饲养熊猫幼崽失败的过程，上述内容均附有极为珍贵的照片资料。

东亚地区对丰富博物学的内容方面有巨大的贡献。我期待中国的博物学家，能够将东西方博物学的知识融会贯通，写出真正的全球博物学著作。

2021 年 5 月 16 日

于北京外国语大学全球史研究院

目 录

肖像

莴苣姑娘的头发

这时，他听到了一曲那样美妙的歌谣，不禁停下脚步，静静聆听。

——格林兄弟

从前有一天。童话故事都是这样开场的。

莴苣姑娘的故事也是如此。她住在那座有高塔的城市里，棕红色的头发被绑成小束拢在耳后，卷曲而蓬松的头发盖住了她的侧身。"精美得就像编织起来的金子"——然而，她那像衣服般的头发却并不像格林童话中所描述的那样华丽，而是蓬乱不堪，这让她看上去绝不是"阳光下最美丽的孩子"。但当我注视她时，她那双坦率而天真的眼睛，与那有些粗糙的脸庞，令人想到奥格斯堡木偶盒子里的原始人。她令我着迷，我无法抗拒她那有些笨拙、不知为何也有些原始的魅力。从那个时刻开始，莴苣姑娘对我来说就是全纽约最

"人们如何躲避一头愤怒的犀牛。"布雷姆在《动物生活》（*Tierleben*）中这样描述道，这幅插图也来自这本书：走 10 步，然后向旁边跳开

最可爱的事物：这是我亲眼见到的，第一头苏门答腊犀牛[1]。

一直以来我都特别喜欢犀牛。为什么？我经常被这样问到。动物学家阿尔弗雷德·布雷姆（Alfred Brehm）不是把它们叫作"笨拙而粗壮的厚皮动物"吗？它们本身没有什么吸引力，他这样写道："它们要么就是在进食，要么就是在睡觉；几乎不关心世上的其他事物。"犀牛在行动时步伐"厚实而有些迟缓，当它躺下或滚动时，那动作看起来要多笨拙有多笨拙"。尽管如此，一旦人们将它惹恼，"它的愤怒会超越一切界限。它将不仅仅对那个真正的肇事者进行报复，而是对出现在它面前的所有事物；如果它没找到任何对象，就会拿石头和树木出气，将它们撕扯开，并在地面上造成一道2—3米长的半圆形沟壑"。

谁会喜欢这样的生物呢？除非人们把布雷姆所描写的这种"巨大的怒火"，像前财政部长和德国社会民主党长官候选人佩尔·施泰因吕克（Peer Steinbrück）那样解读。他拿自己与犀牛做比较，"因为它虽然只会缓慢地开始行动，但一旦开始，便再也没有什么能阻挡它"。这种坚忍的形象也

1　苏门答腊犀牛是披毛犀的现代亲缘种类。——译者注

许符合一位想要自嘲的政治家的自我描述，他认为自己充满干劲和力量，但有时候却受人误解。这也是他与我最爱的动物之间的一个共同点。至少在达芙妮·谢尔德里克（Daphne Sheldrick）[1]看来，犀牛是最易受到诽谤和误解的生物。数十年来，她在肯尼亚经营了一座大象饲养站，并在那里亲手养育了几头黑犀牛孤儿。在她眼中，这些固执、厚皮肤、笨重而又近视的犀牛简直可爱至极，"大多数人把犀牛看作动物王国中心情不好的边缘角色"，但就算是一头成年的"大魔头"，只要人们友好并善意地对待它，那么也能在短短几天内就将它驯服，"犀牛一旦理解了你是一位朋友，而非敌人，那你就没有什么需要害怕的了"。

对我来说，犀牛是最新的史前史所记载的巨型陆生动物（Megafauna）中令人惊异的幸存者。在这种庞大而奇怪的动物出现之前，我们的地球上已经动物密集：那时还存在如大象一般大小的尤因它兽（Uintatherium），头上顶着 3 对奇异的兽角，而且它并不是犀牛；在那时，剑齿虎还四处狩猎；

1　达芙妮·谢尔德里克，"你知道吗？一个活着的遗迹，黑犀牛是自然界中最有趣及最复杂的动物之一"（Did You Know? A Living Relic, the Black Rhinoceros is One of Nature's Most Interesting ans Sophisticated Animals），《萨瓦拉 》（Swara），1997 年 9 月至 10 月，第 24 页。

那时还生活着几千年之前的、数米高、重 1.5 吨左右的巨型树懒，以及雕齿兽，就是一种犰狳，它就像一辆装备了尖刺尾巴的大众甲壳虫那么大；在那时，披毛犀还在冰河时期的草原上闲逛，它全体都覆盖着厚重的皮毛——就像莴苣姑娘一样，属于至今仍然存活的五种犀牛中最为原始的品种。其他的犀牛几乎全身赤裸，除了尾尖，以及另有一圈小小的发冠包在耳部周围。请您注意到这一点！每当我看到犀牛的时候，我都会观察它们的耳朵：这些生长在这种赤裸怪兽身上的毛发总是能打动我。

一直以来，苏门答腊犀牛都是我最喜爱的犀牛。回忆起它们时，我脑海中浮现的第一个画面只有马来西亚东部的士林河岸边那些沙滩上的足印。动物电影导演欧根·舒马赫（Eugen Schuhmacher）曾经于 20 世纪 60 年代在那里试图寻找最小的犀牛品种。当时，水蛭和蚊子几乎要把他吸干，森林里的蜱虫也去叮咬他，蚋虫更是成群地扑上来叮他。每天都浸泡在雨水里："在经历了许多艰辛的努力之后，我们不得不狠心放弃寻找。"舒马赫在他《最后的天堂》（*Die letzten Paradies*）一书中这样写道。从那时开始，犀牛这一概念对我来说就是探险、发现世界，以及那些无法触及的珍

数百万年前，羊毛般的毛发：自原始时代开始，犀牛与它们的亲属就在地面上聚居——它们中的一些，就像这幅足有几百年历史的图画所展示的，有着厚重的皮毛

奇事物的代名词。第二张有关于这种现存的最小型犀牛的照片，是我中学时期在青年杂志《小动物朋友》（Der kleine Tierfreund）上看到的：里面展现了一头雌性苏门答腊犀牛苏布尔（Subur），它当时生活在哥本哈根动物园，是这个品种里唯一生活在人类保护之下的样本。从中我了解到，它们的情况在当时已经多么糟糕。人们估计，也许有数以千计的动物曾经在东南亚生存下来，又被驱逐到一个偏远的区域。圣诞节的时候我许过愿，希望苏门答腊犀牛能够获得拯救。

　　许多年过去了，在1991年，我来到纽约的布朗克斯动物园（Bronx Zoo），站在了"莴苣姑娘"的对面。我对自己这个想法感到很高兴，就是把这个滑稽的家伙用格林童话中那位年轻、美丽、将自己长长的发辫从高塔上放下的女士来命名！动物园里的那位"莴苣姑娘"完全是效仿经典般同样用皮毛来打扮自己。并且它也开始歌唱，虽然不一定是用那种"可爱的声音"：它不时发出尖细的喊声，而这种声音又令人想起座头鲸的歌声。了解格林童话的人肯定也知道：正是由于女巫让那对没有孩子的夫妻坚持种植新缬草，也就是莴苣，食用之后，这位母亲才生出了这个美丽的女孩，并从此以这种植物为名。因此，莴苣姑娘的童话也是一段有关经历了最开始的困难，最终获得成功的故事。在为这种犀牛取名时，那些纽约的取名者是否也有着某种隐秘的想法呢？

　　"莴苣姑娘"是 1989 年在苏门答腊的一片森林中被捕获的，那里由于需要建立一座棕榈油种植场而遭到砍伐。它在那儿已经没有存活的机会。那些年，为了保护这一物种，自然保护者们根据计划将这些稀有的有毛的犀牛送进了动物园 —— 在保护其他物种时他们也是这么做的。"莴苣姑娘"并没有受孕，虽然人们曾把它送到了辛辛那提市（美国俄亥俄州）的一头苏门答腊公犀牛那里。研究者们根据调查确定，它在自然界中已经进行过生育，而在遭到抓捕时，它也许已经太老了。2005 年的平安夜，《纽约时报》报道："莴苣姑娘"由于呼吸愈发困难，行动十分费力，不得不接受安乐死处理。

　　童话并非总有美好的结局，圣诞节的许愿也并非总能实现。当我在写这本书时，有消息显示，在苏门答腊群岛上生活的犀牛已经不足 100 头——最多加上婆罗洲岛上的一些样本。关于其他犀牛的消息也不是很好。这是真正的战争，它们遭到非法猎捕，只因为名字中所包含的这个词：犀牛角。如今，它们即将从我们生活的这片土地上消失，尽管犀牛的存在伴随了我们整个人类发展史，自从我们在非洲开始进化时就一直存在。它们到底是谁？ 在所有的时间中，我们与它们一起经历了什么？ 虽然我们大多是在动物园中认识它们的，但除此之外，还有难以计数的神话、故事以及秘密围绕着这些庞然大物，它们是令人惊叹的传奇动物。我想要停下来，好好地审视我们之间的关系，至少在最终不得不说出这句话之前：它们曾经存在。

2.9 万年前，一头有着雄伟犀角的独角犀牛还生活在西伯利亚：板齿犀（Elasmotherium），
图像来源：兹德涅克·布里安（Zdenek Burian），1964 年

独角兽，龙，神话生物

> 对我来说可以确定的是，那是《圣经》中的独
> 角兽。
>
> ——阿尔弗雷德·布雷姆，1864

什么是所有高贵、美好、纯洁的化身？什么东西像风一样快，又拥有巨大的力量与神奇的能力？没有什么比独角兽更令人惊异了。猎人们无法将它驯服，但若是遇上一位纯洁的少女，它便会将头埋入她的怀抱，变得温柔而驯良。除了威尼斯商人马可·波罗（Marco Polo），一位在历史上举世闻名的世界旅行者之外，再没有人见过它。在结束了7年的中国之旅，开始返回欧洲时，他在1292年到达了苏门答腊，"这里的乡间有野生的大象，以及难以计数的独角兽，两者几乎一样大。它们有着像水牛那样的毛发，脚与大象一样。其前额中间有唯一的黑色兽角，非常粗壮。大多数时候，它们都将那十分像猪的脑袋朝向地面，并且很喜欢待在泥浆里"。马

可·波罗似乎对这些"污秽的牲畜"感到十分惊骇，因为它们与"我们对独角兽的想象完全相反"。它们本应是白色的骏马，额头上有着长长的、螺旋形的兽角，可以说，时至今日，这一形象仍然在许多小女孩的梦境中驰骋着。

除去龙之外，独角兽可谓是最著名，也最重要的神话动物之一——它是一个人类幻想的产物。对于马可·波罗来说，在当时似乎会理所当然地认为，这种神秘的生物应该存在于某处。在那座印度尼西亚的岛屿上，他所见的很可能就是一头苏门答腊犀牛，它虽然拥有两只角，但第二只非常小，就像一个肿块那样隐藏在第一只角后面，因此很容易被忽视。神话动物与传说的形象往往都在现实世界中有真实的蓝本：美人鱼与海妖的形象可以追溯到海牛一类；《奥德赛》（*Odyssee*）[1] 中，独眼巨人（Zyklop）的背后极有可能隐藏着一种小型的、早已灭绝的大象形象，早期的希腊人在地中海岛屿航行时发现过它们的头盖骨。其额头的中央有一个巨大的窟窿，对应动物的活体来看，这里应该是象鼻的所在，然而由于希腊人并不知晓大象这种生物的存在，因此航海者将这

---

1 古希腊重要的史诗作品，与《伊利亚特》一起被统称为《荷马史诗》，其内容是《伊利亚特》的延续。——译者注

一洞窟与眼睛联系在一起——独眼巨人的形象也由此诞生。

独角兽的故事最早是由希腊人克特西亚斯（Ktesias）提及的，他是大约公元前400年波斯国王阿尔塔薛西斯二世（Artaxerxes Ⅱ.）的宫廷御医。他曾经报道过一种野生的印度驴子的存在，体形与马差不多，或者更大一些。据其描述，它们是白色的，却有着深红色的脑袋与蓝色的眼睛，额上长有一根1.5英尺长的尖角；这种角的粉末能够抵抗毒物，如果用其所制的杯子喝水，可以防止痉挛与癫痫的发生；这种动物也相当敏捷，并充满力量，没有猎人能够捕获它。克特西亚斯从来没有亲眼见到过这种野生的驴子，而是通过二手的信息，这样就不难理解，实际上他在描述中将两种动物混为一谈了：在波斯与印度生活的亚洲野驴，以及大型的印度犀牛。包括麦加斯梯尼（Megasthenes），一位印度国王旃陀罗笈多一世（Chandragupata I.）府上的希腊使臣，在公元前300年左右也描述过一头独角兽的形象：长着鹿的脑袋，脚像大象，尾巴与猪的一样，眼睛中间还有一只黑色的螺旋形兽角。显然，他所描述的也是印度犀牛。

第一段有关独角兽的传说似乎产生于亚洲地区。令人惊讶的是，在希腊或罗马期，没有任何图片来源能够印证它

马可·波罗报道了有关苏门答腊岛上的独角兽。正如布雷姆在《动物生活》中描绘的那样，苏门答腊犀牛与想象中的神话动物毫无共同之处

们如今所拥有的如此著名的白色神话动物形象，虽然有关它的传说也早已为独眼巨人、斯芬克斯以及半人马的形象所充斥。直到在基督教中，首先是从中世纪开始，独角兽的形象才开始出现，并突变为越来越神秘的白色生物，成为少女与圣母玛利亚的纯洁、贞洁的象征，人们并没有对它的存在表示怀疑。在《旧约》中它多次被提及，因此由路德所翻译的德语《约伯记》（*Hiob*）的第 39,9 节中是这样写的：“你认为独角兽会服侍你，能够停留在你的马槽中吗？你能用绳索将

独角兽在扬·琼斯顿（Jan Jonston）1650 年所著的《博物志》中作为真实的动物出现。它作为神话生物的登场是随后才发生的

它套起，在犁间耕作，在你身后去开垦山谷吗？你要因为这个动物的强健而信任它，把你的工作也交付于它吗？你会相信它能够将你的粮食运送回家，并堆积在你的粮仓里吗？"除此之外还有确凿的证据：那些螺旋形的、有时超过 2 米长的"尖角"，其价值简直可以与黄金相提并论，因为人们认为它是具有最强疗效的药物——正因如此，时至今日还有"独角兽药房"的存在。

　　那么，为什么人们没有找到活的独角兽呢？在教堂中可以获知一种说法：独角兽是那样的野性而富有激情，它不愿意登上诺亚方舟，因此在大洪水来临时丧了命；那些螺旋形的兽角是那些被淹死的独角兽所留下的遗物。如今人们知道，它们出身于另一种真实存在的动物。北极雄性独角鲸的上颚骨上会长出一只接近 3 米长的獠牙，其重量可达 10 千克。独角鲸的牙齿流传到欧洲中部以后，被人们当作是确认某种神奇生物存在的"独角"。

当然，《圣经·约伯记》中所说的肯定也不是一头北极鲸。汉堡著名动物学家阿尔弗雷德·布雷姆在其 1864 年的《动物生活》一书中笃定地推测说，《圣经》中独角兽的原型来自一头犀牛，它在《圣经》原文中被称为"Reem"（希伯来文，意为"独角兽"）。《旧约》最早的翻译者，即从大约公元前250 年开始将《旧约》翻译成希腊语的人，并不明白"Reem"一词所指涉的真正含义，而是直接将其译成了"Monokeros"（意为"独角"）。在拉丁语中，它叫作"Unicornum"（独角兽），随后，路德才将这一概念——从字面来说是正确的——转译成德语中的"Einhorn"（独角兽）。

与此同时，《圣经》中还提到了对我们最为重要的家畜之一的驯养，虽然它会令人想起神秘的独角兽，但它并非马，而是牛。在柏林的佩加蒙博物馆（Pergamonmuseum）中可以看到，人们对于"独角"的误解是如何形成的。在著名的巴比伦伊斯塔尔门（Ischtar-Tor）的浅浮雕上，除去狮子与龙以外，还有一种生物，它优雅而充满力量地向前奔跑——额头上有一只尖锐的角。这是一头公牛，从侧面可以看出，它的一只角将另一只掩盖住了——如此一来，它看起来就像头上只有一只角。在巴比伦、亚述以及古希腊的许多建筑雕刻及器皿上，都能找到与此类似的两角上下重叠的表现：这种名叫"Reem"的动物就这样被理解为"有一只独角的动物"。由于并不了解其中的奥秘，因此在人类的思维世界中，这一形象就幻化成了神秘的独角兽形象。因而，在这种《圣经》动物的背后所隐藏的实际上是我们的"牛"的形象，并且是"原牛"（Auerochse）。现代的《圣经》翻译在《约伯记》一书中对此所使用的正是含义更加准确的"野公牛"（Wildstier）一词。

可以说，《圣经》中的独角兽形象产生于一个翻译的错误，它与犀牛并无关联。而布雷姆的观点至少在这一部分是正确的，即最原初的独角兽传说来源于印度的犀牛形象。那种白色、有角的、在所有神话生物都具有最重要意义的动物，是在此基础上由不同物种组合而成的：除去亚洲野驴以及独角鲸之外，也许还有阿拉伯的白色羚羊参与了这一构成，它们从

Rhinoceros Unicornis，印度犀牛的学名，意为独角犀牛。它与其他的物种混合在一起，如印度野驴，即成了具有传奇色彩的神话生物

侧面看也有着将近 1 米长的尖角。

　　尽管如此，有一种神话生物可以明确地追溯到犀牛：克拉根福特的龙。根据传说，克恩滕州的公爵曾设立悬赏，鼓励人们去杀死沼泽中的怪龙。几个男人将一只巨大的倒钩紧紧地固定在一头公牛的腹部，令其作为诱饵，当怪龙来缠绕猎物时，也将自己嵌入了倒钩中无法脱身。于是男人们砍下了它的头颅，呈献给公爵。克拉根福特这座城市正是在这场斗争的发生地兴起的，时至今日，那里的一口龙形喷泉还令人想起曾经的怪兽。在这个传说背后还隐藏着一块化石遗迹：1335 年，人们在克拉根福特城附近找到了一块近 80 厘米长的某种不知名动物的头盖骨，并认为它属于一条龙。从那以后，它就成了这座城市的徽章动物，人们在 1590 年还为它设立了一块纪念碑，以示尊敬：那是一座张着大嘴的雕像，有着长长的尾巴、铠甲以及一对附加的翅膀。自 1624 年开始，它成为"怪龙喷泉"（Lindwurmbrunnen）的装饰物。1840 年，那块被误以为是龙骨的头盖骨揭开了其神秘的面纱，它被鉴定为：属于一头冰河时期的披毛犀。克拉根福特城中的怪龙雕像因此成了第一件对于一种灭绝动物形象的重新建构。

　　所有的这些错误以及迷惑，之所以得以产生，仅仅是因为犀牛生活的地方距离西方国家过于遥远；并且不同于古典时期的其他动物，它们到很晚才被发现，因此才得以在人们面前保持了许久的神秘姿态。

存在或不存在

这个房间里有犀牛吗？

—— 来自维特根斯坦与罗素之间的
哲学争论

人在什么情况下才会忽视一头犀牛？而且还是一头躲藏在自己办公室里的犀牛？也许其他任何一种动物都比不上犀牛更能激发这种想象，它可是世界上排在大象之后的第二大陆生哺乳动物。很可能正因如此，哲学家路德维希·维特根斯坦（Ludwig Wittgenstein）在与其老师伯特兰·罗素（Bertrand Russell）进行争论时选择了这个巨大的灰色怪兽。维特根斯坦坚持认为，根本无法证明房间里是没有犀牛的，人们只是一时间看不见它。但是当罗素在书桌底下仔细地寻查了一番之后——当然没有发现任何犀牛——维特根斯坦却还是固执地坚持自己的观点：就是因为他们不会看见这种强大的动物，所以也不存在绝对的证据来反对它在这个房间中的存在。

这场争论最终涉及"可论证性"的问题：我们是否能够坚信，我们的印象都是真实的？人们能证明一个事物的"不存在"吗？换一种方式说，你只能证明那里存在什么。

此处，维特根斯坦想要探讨的其实是哲学的基本问题，即现实的本质是什么，而不是动物地理学中那些令人惊讶的谜团，因为犀牛总是能够长时间地保持神秘——保持不被发现。很难想象，在德国，就在柏林的附近，直到我们这个时代都有野生犀牛的存在，不是吗？类似的事情也在越南发生了，这个国家与德国有着极其相似的国土面积与人口数量。在 20 世纪 80 年代末，人们在那里发现了一个犀牛亚种"越南爪哇犀"（*Rhninoceros sondaicus annamiticus*）的活动痕迹。人们本以为，它们在整个亚洲大陆上都早已灭绝了，也许有 5 到 15 头在越南战争中存活了下来，当时整个森林都遭到轰炸，凝固的汽油弹将其焚烧，橙剂 [1] 使得树叶也都几近脱落——这一切距离首都西贡只有 130 公里左右。由于在越南总是存在大面积无人居住的、不适宜发展农业的土地，

---

[1] 即落叶剂，美军在越南战争时期通过除草作战方案（Herbicidal warfare）与牧场手行动（Operation Ranch Hand）而执行落叶计划，以对抗丛林中的活动。在 1962 年至 1971 年的行动中，橙剂通过军机被大量喷洒在越南土地上。——译者注

人们也喜欢在沿海区域聚居，因此犀牛总是得以藏身。

　　只因为我们不够了解，而它们是确实存在的。"发现"仅仅意味着"偶然遇见"我们迄今为止并不知道的事物。在动物种类的问题上就是如此，它们对于当地的居民来说也许早已众所周知，而在"我们"西方人的眼中以及对"我们的"科学而言，如今所有的五个犀牛品种都保持了长久的隐蔽。当北部的白犀牛1900年在尼罗河上游被发现时，一度引起了动物学领域的轰动，因为白犀牛是最大的犀牛品种。到那时为止，人们只认识它那些身处于3000公里以外、生活在南非的南方表亲。而实际上，人们早在古典时期就已经对北部的白犀牛的存在有所了解：公元前279年到前278年，法老托密勒二世费拉德尔普斯（Ptolemaios Ⅱ. Philadelphos）在亚历山大港举行了一场游行，其中出现的除了大象、鸵鸟、羚羊、斑马以及一头长颈鹿以外，还有一头从埃塞俄比亚来的犀牛：作为这位统治者权力的象征，表现其对于一片广阔而原始土地的征服与驯化。

　　罗马人也经常将它们展示出来 ——马戏表演就是这样。公元前55年，第一头犀牛为了格奈乌斯·庞培·马格努斯（Gnaeus Pompeius Magnus）的戏剧开场表演而来到罗马，并

罗马人早就已经知道犀牛的存在：在西西里岛的一幅镶嵌画上，守卫正指挥一头印度犀牛去洗澡（大约公元 325 年）

在随后被老普林尼（Plinius）写入了他的《博物志》（*Naturalis historia*）："犀牛是大象天敌。它在一块石头上将额角磨得锋利，战斗时直接瞄准腹部，就好像它知道那里比较柔软，并且就这样击败了大象。"在公元 80 年罗马斗兽场的开幕式上也进行了一场轰动一时的角斗，诗人马提亚尔（Martial）这样唱诵道："因为它将熊用两只角投掷了出去，就像一头公牛将指向它的长矛甩向了星星。"因此在公元前 55 年到公元 248 年

象牙对抗犀角：在罗马斗兽场的决斗中，按老普林尼的描绘，犀牛更胜一筹。
扬·格里菲尔一世的一幅版画

的这段时间内，有大约50头犀牛来到了罗马。据动物学家拉格纳·金策尔巴赫（Ragnar Kinzelbach）所述，它们大多都恰好是北部的白犀牛。希腊的旅行作家保萨尼亚斯（Pausania）把它们称为"埃塞俄比亚的公牛"。这种动物在古典时期还生活在尼罗河的山谷，甚至在摩洛哥，它们也许是通过船运的方式，从亚历山大港出发而去往罗马的。它们中间仅有一头确实是印度犀牛，它被包装成礼物送给了屋大维（Octavian），也就是奥古斯都后来的皇帝。过程中，它被放在一辆载重车上，沿着北部的丝绸之路向西行驶，直到亚历山大港的码头。

随着罗马帝国的灭亡，欧洲进入了中世纪时期。其间，不仅许多其他问题的信息，有关犀牛存在的知识也被遗失了。直到文艺复兴开始，当航海者们为了征服世界而开始远洋航行，有关犀牛的消息又重新回到了欧洲，并且更新了人们旧时对它的理解。一直到18世纪为止，只有8只动物来到了我们这里，它们都是有着深厚的皮肤褶皱的印度犀牛。

在那些非洲品种的案例中，它们被"揭开面纱"所耗费的时间更长："虽然早在13世纪就已经有阿拉伯人对其形象进行过勾勒，但是科学在最初还是不愿意相信，它们有着平滑的、没有褶皱的皮肤。一位曾经将一头黑犀牛制成了标本的博物馆管理人认为，这种动物在运输的过程中遭受了苦难，于是他在其皮肤中熨烫出褶皱，试图使它看起来更'真实'一点。"赫尔伯特·温特（Herbert Wendt）在其《动物的发现》（*Die Entdeckung der Tiere*）一书中这样写道。实际上，非洲犀牛的数量甚至超过了印度犀牛，这一点在随后才逐渐为人所知。1758年，瑞典人卡尔·冯·林奈（Carl von Linné），这位分类学之父，完成了他的物种志，即他的《自然系统》（*Systemae Natura*）：这是一套沿用至今的分类体系，也是一套基于亲缘系统的新型物种书写方式。从科学的眼光来看，这种方式使得每一次发现都变得"标准化"，或者说让存在精确化。林奈当时已经区分了两种犀牛的类型，即亚洲的独角印度犀牛，以及非洲的两角印度犀牛。

虽然马可·波罗早已经报道过苏门答腊群岛上的"独角兽"的存在，但直到1793年才有一头动物在那里被一名上尉军医威廉·贝尔（Willian Bell）击中并标记。在1814年，有毛的苏门答腊犀牛才正式地在科学上被接受，并认定为第二个亚洲品种。欧洲人与第三个亚洲犀牛品种相遇的故事则从1630年开始广为流传：荷兰人雅各布斯·邦修斯（Jacobus Bontius）在走出爪哇岛丛林时，一头大声嘟囔着的、磨着牙的犀牛从他前方狂奔而过。出于愤怒，它将树木以及所有阻碍它的东西都疯狂地甩到地上 —— 这位骑士不得不逃离现场，因为这头动物随时可能被卡在两棵树中间，直到无法动弹。这个品种与印度犀牛十分相似，而到1838年它才被科学认定为"爪哇犀牛"。

在那时，第二种非洲犀牛已经被发现了：1812年英国自然研究者威廉·约翰·布柴尔（William John Burchell）在非洲南部射杀了两头犀牛，它们比黑犀牛还要大得多。1817年开始出现与它们相关的描述：常常超过4米长，肩高1.8

在罗马时代结束以后，犀牛在欧洲被人遗忘。直到文艺复兴初期，它们才从印度重新回到了我们身边

米，是除大象以外最大的陆生哺乳动物，有些公犀牛的体重甚至达到3.5吨，这就是如今为人所熟悉的"白犀牛"。它与黑犀牛一样是灰色的，尽管如此，后者还是被称为"黑犀牛"。这一取名方式与逻辑无关，而是由于一个翻译上的错误造成的：在南非的布尔人¹将这种动物叫作"宽犀牛"（Wijd Rhino）——因为它有着宽阔的嘴，能够像割草机那样吃到草

1　布尔人或波尔人，是荷兰或德国人在南非移民的后代。——译者注

原上的短草。布尔语中的"wijd"一词意思是"宽阔的",流传到英语中则变成了"白色的",因此,"白犀牛"的概念在19世纪就已经被引进为这种宽嘴犀牛的名字;而尖嘴犀牛的优势在于能够用嘴唇从灌木以及多刺的树枝里拔取树叶,为了以示区分,它便被人们不假思索地冠以了"黑犀牛"之称。

这种语言混乱也发生在亚洲的品种身上。爪哇犀牛与苏门答腊犀牛的名字似乎指向的是一种地理上的定义,将它们限制在了两座岛屿的空间中,而至少在几个世纪之前,两个品种都一同生活在东南亚大陆的遥远区域:缅甸、泰国、老挝、柬埔寨、越南及马来西亚。爪哇犀牛曾经出现在苏门答腊岛,而苏门答腊犀牛则在婆罗洲现身。实际上,这些动物是按照"我们"在考察旅行时,第一次发现它们的地点而命名的。

哲学的弧线到这里就结束了:姓名意味着什么?姓名就是声音与烟雾,歌德在《浮士德》(Faust)中是这么说的。然而每当人们发现一种生物,就需要一个名字去指代它。取名不一定要按照描述的方式,更重要的是表现出它与其他物种的区分。要想说清楚一个事物或某个人,用一个名字就足够了。对此,这里有一条不仅仅适用于物种志书写的重要规则,即名字可以不包含任何意义，但不是必须要用无意义的表达方式。如果上文所提到的那种，在西贡附近被重新发现的犀牛，在德语中也被称为"越南爪哇犀牛"，那么就造成了地理上的话语重复，虽然这样至少有一些语言逻辑。[1]除此之外，英国人还懂得使用"印度犀牛"这一名称，而我们在德国只是将其称为"盔甲犀牛"[2]，这可能首先要归功于阿尔布雷希特·丢勒（Albrecht Dürer）的作品。

---

1 很遗憾，"越南奇迹"（Wunder von Vietnam）已经过去了。越南爪哇犀牛已经由于偷猎者而灭绝了。在 2010 年 4 月 29 日，最后一头犀牛样本的骨架在越南吉仙国家公园被发现。一枚速射枪的子弹击碎了它的左前腿。犀牛角与上颚的一些部分被锯断了。

2 德语中"印度犀牛"的字面意义，"Panzer"意为"铠甲、盔甲"，是对这一种类犀牛特征的描述。——译者注

在历史转折点的一场发迹

我跟随舰队向西行驶，风帆强劲有力，毫不畏惧地向着新大陆的方向冒进，试图去看到另一个太阳。

——关于丢勒的犀牛的海上航行，
来自安东尼奥·圣菲利斯
（Antonio Sanfelice）的一首诗

暂且不论其他的因素，成名最需要的是正确的时机。1515 年 5 月 20 日，一头犀牛从印度来到里斯本，便成了这样的例子：多亏了阿尔布雷希特·丢勒的一幅木版画，这头动物成为历史上最有名的犀牛。这位来自纽伦堡的大师创造了一幅圣像画，它属于文艺复兴时期最著名的艺术作品之一，几个世纪以来，甚至时至今日都在刺激着艺术家们的灵感。由于他的《犀牛》（*Rhinocerus*）看起来就像是一幅对这头巨物极为精细的描摹作品，所以这幅图画在科学界也产生了长久的影响。丢勒的印刷作品在当时已经是一件大众流行的艺

丢勒的《犀牛》（1515 年），世界历史上最有名的犀牛，是 一个畅销产品，也是许多图片的一个仿制样本

术产品，也拥有许多版次；它至今都属于艺术史中的一笔公共财富，不论是在咖啡杯、明信片，还是在冰箱贴或啤酒瓶上，都格外引人注目。

在那头犀牛及其形象的历史中隐藏着一段世界的裂变史。在中世纪末期，人们还无法想象自己能够去往所有庞大的世界帝国，但是一场历史转折的基础已经被奠定了。1450年左右，美因茨人约翰内斯·古腾堡（Johannes Gutenberg）

重新发明了印刷术[1]，使得文本、图像能够准确、廉价而快速地得到复制，由此，信息能够以传单、报纸或书籍的形式更加迅速地在大众间传播。通过这种方式，他"煽动"起了一场媒介革命，并使得当时的政体以及整个西方文化都彻底翻转。随后，当哥伦布1492年踏上"新大陆"之时，一个探险旅行、不断扩张、征服以及殖民化与全球化的时代便开启了。丢勒的《犀牛》的成功就是这一发展的体现，它甚至在当时世界主要航海国家的分割中也起到了一定的作用。

在《托尔德西里亚斯条约》（*Der Vertrag von Tordesillas*）中，神父亚历山大于1494年将西部整片未开发的区域，即对应西经46度的一极到另一极，全部判给西班牙所有。西班牙因此拥有了近乎整个美洲，葡萄牙接收了当时还未被发现的巴西地域中的一部分，此外还有非洲和印度的部分。于是便开始了接二连三的事件。1498年，瓦斯科·达·伽马（Vasco da Gama）[2]环绕非洲，并从水路到达印度；1510年，葡萄牙人在

1　早在11世纪中期，中国就发明了活字印刷术，但当时的活字由陶瓷制成，耐受性差；15世纪初，朝鲜人开始使用金属作为活字；古腾堡则发明了一种金属合金活字、一种能够更准确导出字模的铸模、油印墨水以及一种印刷机，创造出一套更加完善而高效的印刷生产系统。——译者注

2　葡萄牙航海家，早期的殖民主义者，欧印航线的发现者。——译者注

果阿建立了殖民政权。谈判过程中，印度古吉拉特苏丹穆扎法尔二世（Muzaffar Ⅱ.）给葡萄牙总督阿方索·阿尔伯克基（Alfonso de Albuquerque）送上犀牛作为礼物，而总督又在1515 年初将其继续送给了曼努埃尔一世（Manuel Ⅰ.），也就是他的国王。在 120 天中，这头数吨重的巨物漂洋过海，其护理人欧瑟姆（Osem）仅仅提供了一些米粒让它维持生存。

当这头犀牛到达里斯本时，它其实成了罗马时期以来，也是数千年来，第一头登上这片大陆的犀牛。欧洲从文艺复兴时期才开始重新发现那些消失在中世纪的知识，这头异域动物的到来，则是对那些古老文字记录的最为鲜活的证明：老普林尼早已书写过犀牛的存在。为了复核他的描写，国王曼努埃尔一世在 1515 年 6 月 3 日下令让大象与犀牛间的角斗重新上演。这在民众中造成了轰动，大家蜂拥而至，并集体目睹到，大象如何与这只陌生的动物仅仅对视一眼后，就紧张地落荒而逃。

随后，国王打算将它制作成礼物送给教皇利奥十世（Leo X.）——这一举动实际暗藏了他潜在的权衡计划：因为如今也该在东亚的土地上画出一道分界线了，这将成为有利可图的香料生意的重要起源。早在一年前，曼努埃尔一世就将大象汉诺（Hanno）作为礼品送到了罗马，而印度的犀牛——这更加罕有，比大象还要引人注目——对于这位葡萄牙国王来说，应该更能确保受到教皇的宠爱。于是，这头犀牛再一次地回到了海面上，身上装饰着金链与绿色的丝绒马具，还挂着玫瑰花与康乃馨。船只沿着利古里亚（意大利）的海岸出发，并从拉斯佩齐亚城的前方顺流而下。这头印度犀牛原本是一名游泳健将，但因为被链子拴住，最终还是溺水了。它的尸体被卷到了陆地上，但是究竟身处何方，无人知晓——人们谣传，它到达了梵蒂冈。[1]

　　然而就算在死后，这头犀牛仍然是葡萄牙黄金时代的一个象征，它象征着一个全球化的航海帝国以及商贸帝国。直到今天，一头石雕的犀牛头仍然装点在贝伦塔上，即里斯本城前方特茹河口的一座岗楼。在当时，整个大陆都流传着那头罕有的印度稀奇生物的故事，这位来自异域国家的使者充满预示性地带来了财富，或者说成了觉醒、进步以及富裕的标志。一份如今已遗失的速写跟随一份文字说明一同去往了

1　在小说《一头献给教皇的犀牛》（*Ein Nashorn für den Papst*）中，劳伦斯·诺福克（Lawrence Norfolk）为这头犀牛设立了一座文学的纪念碑——并且描述了文艺复兴时期的腐败与堕落。在其标题上，丢勒的《犀牛》十分引人注目。

在 1747 年，丢勒的印制品还代表着一种栩栩如生的描绘：这位大师描摹了一只雄性，而后被创作出来的动物们都是雌性——出自《外国陆生动物图像史》（ *Abbildliche Geschichte der ausländischen LANDTHIERE* ）

纽伦堡，并落到了阿尔布雷希特·丢勒的手中。

当他看到这幅草图时，这头由某位画师所完成的动物想必给这位大师带来了灵感。他决定去制作一幅木刻版画，而不是铜版画，虽然他应该能更好地完成后者。但是丢勒有意地让自己的作品成为一种大众商品：木版画很容易复制，这让市民们能更容易接触到它。他完全预感到，这幅《犀牛》

Rhinoceros
Provocéos.
Naricornis latiné.
Vnicornis quibusdam, sed innare
gestat cornu.
Reen febris, et Cara, et Carac?
Csildeis Bada apud Indos

常常被复制以及修饰：尤利西斯·阿尔德罗万迪（Ulisse Aldrovandi）（1522—1605 年），
一位"动物学之父"，曾经对丢勒的《犀牛》进行了富有想象力的填色

可以用来盈利。创造这件艺术品的过程本身也表现出丢勒的精明，因为他并没有亲眼见到过这头犀牛，而仅仅是按照那份速写画像与文字说明。在创作中，他进行了几处错误的阐释，或者说，他索性放任了自己的想象。奥克斯博格·汉斯·布克迈尔（Augsburger Hans Burgkmair）也绘制过这头野生动物：在他的图画中，犀牛被绑住了前腿，看上去十分悲伤与阴郁。丢勒的画作则不同：他的《犀牛》更加直观、生动且精准，因为他呈现的犀牛更加有力、更具有戏剧性，并且也不是被俘虏的样子。丢勒将这头犀牛放置在一个狭小的空间内，小到甚至其尾尖都不在画面中。那些深刻的皮肤纹理都在解剖学意义上的正确位置，但是在粗糙的木版画中，它们看起来几乎就像是由闪光的金属制成的：有鳞片的腿部令人想起锁子甲，那看起来与腹部铆接在一起的胸甲，与穿着花纹甲胄的中世纪骑士有些相似：因此不必惊讶于，为什么在德国，人们会给这个物种取名为"盔甲犀牛"了。

丢勒机智地在他的木版画中将图像与话语结合起来，因为他在图像上方书写了印度的进口历史："他们叫它'犀牛'。这是完全按照它的形态描摹下来的。它全身都覆盖有厚厚的皮甲，几乎是紧紧地覆盖住。体型与大象相仿，但是腿部较短，

一头丢勒风格的犀牛在南非的好望角，来自 1749 年的一幅荷兰画作

善于防御。鼻子上方长有一只坚硬的尖角，它即刻便开始在它所站立的石头上摩擦这只角。这头昏昏欲睡的动物是大象的死敌。"当然，他在标注日期时犯下了一个错误，因为这头犀牛不是在 1513 年来到里斯本的，而是两年之后。

引人注目的是位于其肩胛骨中间的那只小小的兽角——它呈螺旋形，就像独角鲸的独角型牙齿。如今人们知道，有些犀牛身上的这种表现其实是异常的，这种"皮肤上的小角"，在动物学中被称为"丢勒的小角"。这是丢勒所创造的吗？至少在布克迈尔的图画中是没有它的。尽管如此，丢勒相当精明地使它变成了一支提示箭头，在图画中直接指向这个生物的名字——"犀牛"（图片中文字：Rhinocerus）。丢勒也提到了自己，因为他没有将自己姓名的首字母拘束地隐藏在角落，而是特意摆放在这个生物名字的下方，令其在这个身着盔甲的怪物脑袋上悬浮。这幅异域动物的木版画成为了畅销品：一直到 1528 年丢勒去世，有 4000 到 5000 份复制品被卖出。仅仅在 1600 年之前，就有五个新的印刷版本诞生。这头犀牛在最合适的时机到达了欧洲——并且变得声名大噪。

在当时，丢勒已经因其非常接近现实且详细、精准的画作而为人所熟知，其特点就在于有着科学般的细致——例如在作品《野兔》（*Feldhasen*）或者《一大块草皮》（*Großen Rasenstück*）中，他首创性地在艺术中绘制了一块小小的生态系统。人们因此对这位大师产生了信任，"丢勒的幻想作品对于数百万欧洲人来说，就是真实"。艺术历史学家尼尔·马基高（Neil MacGregor）这样写道。它经常被复制，不论在康拉德·格斯纳（Conrad Gessner）的博物志《动物史》（*Historia animalium*）中，还是在弗兰德的地毯，抑或是比萨大教堂的青铜门上，数个世纪以来在艺术以及新兴的科学领域中塑造了犀牛的欧洲形象。一直到200多年后，才有一头新的犀牛从印度来到这里，而它也最终建立了有关犀牛的更加现实的图像。

旅行中的克拉拉小姐

一头丑陋的雌性动物。

—— 一位汉诺威的编年史作者，1742

这是一种怎样的生活啊！这位女士沉醉于啤酒，喜爱香烟。她与卡萨诺瓦（Casanova）[1]以及腓特烈大帝（Friedrich den Großen）相见，也与路德维希十五世（Ludwig XV）以及玛利亚·特雷西亚（Maria Theresia）会面。克拉拉（Clara）是迈森州手工瓷器业的缪斯，她给时尚界带来灵感：整个巴黎都为她倾倒，威尼斯在狂欢节上拜倒在她的脚边。作为一位来自印度，又在18世纪的欧洲进行了短暂穿行的"孤儿"，她献出了一段独一无二的经历，并在商业、艺术以及科学上取得了极大成功。

在1741年7月22日，一艘名为克纳本霍伊（Knabenhoe）

---

1 贾科莫·卡萨诺瓦，意大利的浪荡公子，喜欢在女人中厮混，也受到许多女人的钟情。——译者注

号的船停靠在鹿特丹港。同时出现在甲板上的还有一头约3岁大的印度犀牛，它后来一度被称为"克拉拉小姐"（Junfer Clara）。杜威·穆特·范德梅尔（Douwe Mout Van der Meer）船长从荷兰东印度公司董事长扬·艾伯特·西希特曼（Jan Albert Sichterman）手中买下了这头幼兽。他把它当成一头几个月大的小牛来照顾。它的母亲在印度的阿萨姆邦死于狩猎。在西希特曼家中，它获得了悉心的抚育，甚至被带到了家庭的社交晚会上，可以"像一只哈巴狗一样"在桌前吃饭。在历时数月的海上之旅中，这头犀牛以干草、橙皮与面包、淡水，偶尔还有啤酒为食，并且定时地吸入烟草的浓雾，因为根据当时的观点，吸烟是对健康有利的。就这样，范德梅尔与他的犀牛相互习惯了彼此。这位船长放弃了他在连队中的职务，因为他有了一个特别的商业创意：奇迹在旅行中产生了——他打算把这头温顺的犀牛展示出来，让所有的阶层都能接触到它。

这是一个相当大胆的主意，因为在丢勒创作《犀牛》之后，从印度来到欧洲的3头犀牛中，没有一头能够长久地存活。然而范德梅尔却将这头外来生物健康地抚养了一年，并且带领它纵横交错地穿越了欧洲。历史学家格利妮斯·雷德利（Glynis Ridley）在她的书《克拉拉的盛大旅程》（*Claras Grand Tour*）中这样写道：在此期间，他创造了"最早的现代化广告攻势"——"精彩的演示"。在1742年，他就已经让这头动物在他的家乡莱顿登上了舞台：艺术家扬·万德拉尔（Jan Wandelaar）的一幅铜版画展现了一头正在吃草的犀牛，它的前方有一具人类的骷髅骨架，正张开双手，仿佛在邀请人们去观看这头罕有的动物。这种表现死亡的方式在那个时代并不常见。万德拉尔想要表达的应该是："趁着这头犀牛还活生生地在这里，快来买入场券吧。"这幅画被收入了一本解剖学书籍，并且在莱顿的书店有售，它还被印到了宣传画和传单上。在这些广告中，范德梅尔让人们注意到了一头《圣经》中的神话动物，《约伯记》的第40,15节对此有所提及："看看这头巨兽，我创造它，你也创造它！它像牛一样吃草。"如今，人们认为这头巨兽所指的是河马，只是当时在欧洲并不为人们所熟悉。通过这种方式，范德梅尔的广告巧妙地在生命与死亡、科学与宗教中来回漫步：《圣经》中那不知名的生物是存在的！它因此吸引了大批追求玩乐者的好奇之心，信徒、学者和学生也纷至沓来，只为了一睹这有趣之物——并为此付出金钱。

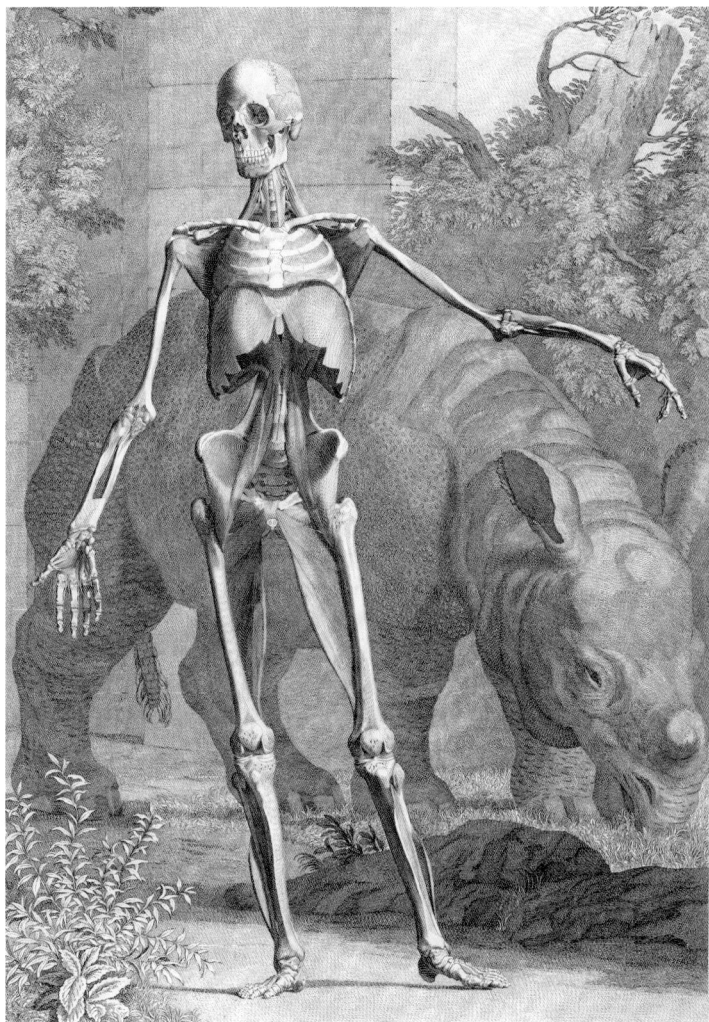

用死亡作为广告：一张根据扬·万德拉尔的铜版画所制的传单，它在 1742 年就已经让这头温顺的犀牛在莱顿引起关注

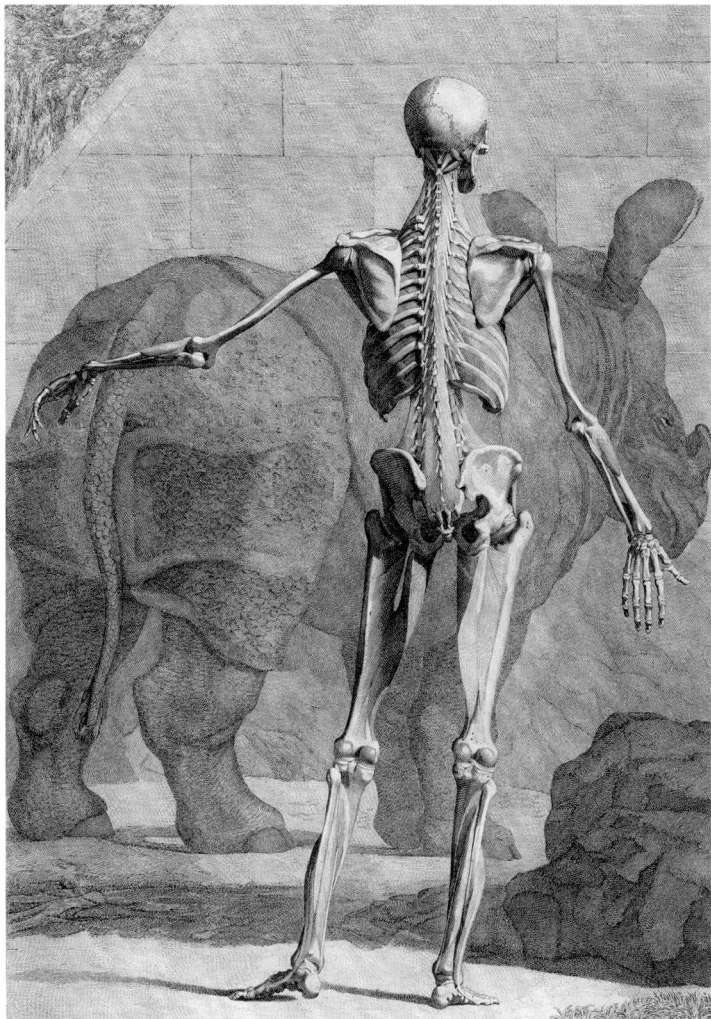

从背后看，万德拉尔的铜版画展现了这头印度犀牛的真实结构——犀牛的形象看起来已经不像丢勒的印制品中那样凶狠好战

这个展览是有利可图的——也必须如此，因为一头印度犀牛一天要消耗掉 150 磅的植物膳食。很快，范德梅尔就带着克拉拉离开了莱顿，开始了更远的旅行。多年以来，运输这头温顺的犀牛变得愈发困难，对此，范德梅尔特意打造了一个装置有巨轮的木箱。透过一扇小窗、新鲜的空气和一些光线得以进入，它被刻意地制作得比较小，因为这个生物必须在里面保持隐蔽，才能更好地引起人们的好奇。就这样，这架没有任何减震装置的运输车一路颠簸地穿越了欧洲，有一次犀牛就在车里被运上了船，在莱茵河上行驶，还有一次它的箱子是由 12 头公牛所拉动的。

至今，有超过 20 张有关这场经过了良好策划的广告活动的宣传画与传单被保存下来，它们记录了大量有关这一愈发有名的厚皮动物的生活细节，并且声称它能够存活数百年之久，这一点十分怪异。任何看见这些传单的人，都能感受到这种体验的独特性：没有任何人在有生之年见到过除此之外的其他犀牛。它每次出场都引起轰动，范德梅尔非常懂得如何展示这头犀牛：他让官员在公众面前测量这头巨物并为其称重——为此，犀牛被放在一架滑轮车中向上吊起。这一举动使得人们在时隔数年后，第一次追踪到一头犀牛的成长数据。在 1746 年至 1748 年间，他们移居到了德国、奥地利和瑞士的许多城市。1748 年在维尔茨堡，"克拉拉小姐"这个名字第一次以书面形式得到确认。这次旅行是成功的——从经济的角度来说，要感谢那些入场费，但是范德梅尔不断进行优化的"销售方案"也功不可没：他很早就开始出售纪念品，克拉拉的木版画售价为一个格罗森（德国旧时货币单位），小幅的铜版画卖两个格罗森，大幅的则卖半个古尔登（德国古代金币单位）；当克拉拉后来成为大明星时，范德梅尔便开始在每个城市印制纪念币。从这些巡回演出中，这位过去的远洋船长也收获了社会地位的提升：柏林的腓特烈大帝与维也纳的玛利亚·特雷西亚都亲自接见过这头罕有的犀牛，这已经不仅仅是一种良好的广告；奥地利的女皇帝甚至将这位荷兰的马戏老板提拔进入贵族阶层，并册封为德国神圣罗马帝国的男爵，这一称号为他今后的发展敞开了许多新的大门。

在巴黎，克拉拉与范德梅尔几乎分道扬镳。1749 年，范德梅尔打算将这头犀牛以十万埃居（法国古货币）的价格出售给国王路德维希十五世，让它留在凡尔赛宫的动物展览中。最终，国王还是放弃了这笔交易，因为这个金额相当于他全

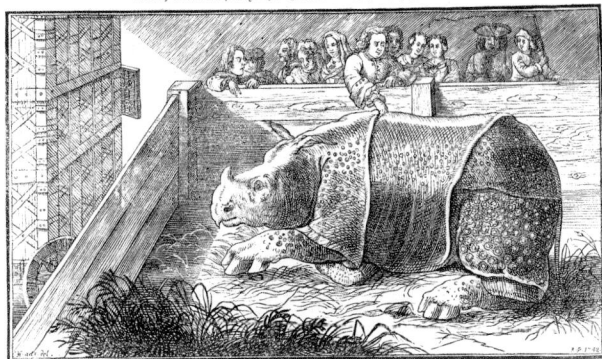

Wahrhafte und nach dem Leben gezeichnete Abbildung des liegenden Rhinoceros oder Nashorns, welches bereits in verschiedenen Ländern von Europa zur Schau herum geführt, und erst neulich in den meisten Haupt-Städten der Schweiz gesehen worden.

第一次全欧洲范围内的广告攻势：克拉拉的旅行通过这些海报而获得宣传，它 1748 年第一次在苏黎世登场时也是如此。左边是它的运输车

年总收入的三倍。这也显示出，犀牛为它的拥有者创造了多少价值。克拉拉因此搬到了巴黎市中心的圣日耳曼教堂，这里也是卡萨诺瓦与他的一名爱人共同寻找这位"小姐"的地方，他们后来的相遇在他的记忆中留下了深刻的印象。克拉拉成为了城中的焦点：这头犀牛激发了一系列精致钟表的诞生，并成为时尚的潮流，人们开始在头上盘起像犀牛角那样高高的发髻，或者戴上"像犀牛那样的"时尚装饰品。

它继续乘船经由马赛前往意大利。历史学家雷德利这样写道，范德梅尔再一次地，展现出其"精明的手腕"。当时出

4.5 米长，3 米高：让·奥得瑞（Jean Oudry）在 1749 年按照实物大小将犀牛克拉拉绘制在画布上，当时它正在"访问"凡尔赛宫

现了许多关于克拉拉之死的传言，很有可能是范德梅尔自己散布出来的，这样是为了给克拉拉创造一次收益良好的出场而埋下伏笔。据传言，克拉拉的船于 1749 年在那不勒斯（意大利南部）沉没了。如今这幅画被悬挂在什未林国立博物馆中。然而在狂欢节期间，范德梅尔与克拉拉还是出现在了威尼斯——这个 "18 世纪最大的舞台"。在从船上被卸下时，克拉拉陷入了潟湖 ¹，随即，许多男人从它的身后一跃而下，想要把这头巨大的犀牛从溺水中拯救出来，以赚取奖金。多么有戏剧性的故事！且不论印度犀牛都是游泳健将，单说就凭几个人就想要把这头数吨重的生物从水里拉上来，简直是一场无稽之谈。但范德梅尔用这种狡猾而精于算计的广告手段获得了成功，证明了自身的正确性："克拉拉从未像现在这样有名。"那时是 1751 年，船长和他的犀牛已经相处了 10 年，现在他们秘密地回到了莱顿。同年的 12 月，范德梅尔的女儿伊丽莎白在那里出世。由于她的父亲已经聚集了一大笔财富，所以从那开始便没有再进行过大规模的旅行，至少一直到 1758 年都没有过确实的旅行。

---

1 一种因为海湾被沙洲所封闭而演变成的湖泊，一般都在海边。——译者注

没有任何装扮的克拉拉在 1751 年威尼斯的狂欢节上是万众焦点，这一幕由彼得罗·隆吉
（Pietro Longhi）所绘制

后来，克拉拉与范德梅尔还有一次去往伦敦，而克拉拉在 1758 年 4 月 14 日非常令人意外地死去了，终年约 20 岁。原因为何，没有人知道，它的尸体最后何往，也无人知晓。在这位"小姐"死后，范德梅尔的踪迹也逐渐淡出了历史的书写。两者在超过 17 年的时间里都是一对不同寻常的伙伴，这让所有人都感到惊叹：两个生命，通过如此特别的方式联系在一起，这种关系恐怕是永远无法复制的。

围绕克拉拉而产生的"犀牛热"带来了持久的影响。在巴黎，它成为研究的对象。身处启蒙运动时代，人们认为应该按照最新的方法来研究现实，真相应当被广泛传播。在这种背景下，克拉拉作为"这种动物的原型"而被收录到狄德罗（Diderot）与达朗贝尔（D'Alembert）的《百科全书》（Encyclopédie），以及布丰（Buffon）的《自然史》（Historie naturelle）中。两部科学经典著作的作者都将那些无法证实的神话与传说故事摒除了，例如犀牛有几百年的寿命的说法，取而代之的则是对这头四足动物身体尺寸的精确说明：肩高 2 米，长 3.5 米，犀牛躯体"最强壮处的"周长同样是 3.5 米，这与克拉拉在公众面前接受测量所获得的数据是相吻合的。

此外，范德梅尔的犀牛是对丢勒的犀牛的最为生动的修正：不论是在康拉德·格斯纳 1551 年的《动物历史》中，还是在著名的迈斯纳陶瓷手工作坊带有异域风格的贵重餐具中——所有被描绘出来的犀牛都背负着一只"丢勒的小角"。然而，当克拉拉 1747 年在德累斯顿为著名的动物服装设计师担当了两周的模特之后，手工作坊就立刻更改了其装饰的设计。不论在科学还是艺术中："很少有动物曾经在世界上造成过如此强烈的影响，并永远地改变了它这一物种的形象。"格利妮斯·雷德利这样写道："丢勒笔下那头全身装备了盔甲的犀牛，从此变成了温柔的克拉拉。"

艺术从犀牛开始

我看见了一张照片，曼·雷（Man Ray）说。

我看见了一部电影，布努埃尔（Buñuel）说。

我看见了一头犀牛，达利（Dalí）说。

———— 来自伍迪·艾伦（Woody Allen）的电影
《午夜巴黎》（Midnight in Paris）

"噢，一头犀牛！"——"它踩到了我的猫！"——"我们决不能允许，我们的猫被踩死，被犀牛或者任何人都不行。"在尤金·尤内斯库（Eugène Ionesco）的戏剧作品《犀牛》（Die Nashörner）中，仿佛从天而降的、喘着粗气的犀牛们在城市中奔跑穿行，并对这里的秩序表示质疑，直到最终，市民们一个接一个地突变成这种厚皮动物："施梅特林先生变成了犀牛！啊，这就是巅峰！"

费德里科·费里尼（Federico Fellini）同样如此怪诞，但是显然更加善意地将犀牛搬上了银幕：他的电影《船续前行》

（ *Fellinis Schiff der Träume* ）结束在巡洋舰沉没后的一幕，救生艇上有两名幸存者，一名小报记者，以及一头正在恬淡、安静地咀嚼着草束的犀牛，它让同行者在海面上划船。这名记者向观众们愉快地眨着眼睛说："你们知道吗，犀牛其实是非常优秀的产奶工？"他们就这样划着划着，最终进入影棚。

与此相反，在 1955 年 4 月，有着被完美地高高捻起的胡子，并像堂吉诃德那样手持长矛的萨瓦尔多·达利（Salvador Dalí）在巴黎万塞纳城动物园中一个真实的犀牛圈前，飞快地冲向扬·维米尔的画作《花边女工》（ *Die Spitzenklöpplerin* ），并将它撕破——犀牛弗朗索瓦（François）远远地观察着这一切，在人们将这幅画放入它的圈地时，它保持沉默。[1]

这一点都不令人惊讶：正是艺术家中那些古怪、荒谬、超现实以及爱好空想的人，才会对世界有着不一样的视角，才会为犀牛——这一奇异的、与其他动物相比并非经常出现在艺术或文化史中的生物所吸引。然而更令人惊叹的是，犀

---

[1] 请观看罗伯特·德莎恩电影《花边女工与犀牛的传奇故事》（ *Die ungewöhnliche Geschichte von der Spitzenklöpplerin und dem Rhinozeros* ）中的这个场景。以下网址是一段出色的剪辑：www.youtube.con/watsch?v=GP8EXICgo0k 。参见：亚力克斯·Q. 阿巴克尔：《1955 年 4 月 30 日，达利画了一头犀牛》（ *April 30, 1955, Dalí paints a rhino* ），以下地址可下载：http://mashable.com/2016/08/14/dali/rhino/#zk1iN15ppOqu。

一开始就有犀牛：肖维岩洞中的犀牛，约 3 万年历史

牛是在何时，以及在历史中的哪个时间点出现的：丢勒的作品在现代主义的初始，在媒体革命的开端；克拉拉则在第一次全欧洲范围传播的广告活动中。犀牛与人类媒体发展，即人类交流方式间的关联还不止于此。

直到 1994 年 12 月，人们才在阿尔代什河边的瓦隆蓬达尔克（法国南部）小城附近的一个洞穴中发现了一批绘画，它们属于展现人类生活的最早的图像作品之一。人们猜测，肖维岩洞（Chauvet-Grotte）中的绘画有着 2.8 万到 3.7 万年的历史。有上百只动物被刻画在洞穴的石壁上，它们当时都聚居在阿尔代什河的山谷里：长毛象和野马、野牛与美洲野

牛、洞穴狮与洞穴熊 —— 主要还有犀牛。其中，至少有 65
幅有关犀牛的绘画至今还收藏在卢浮宫的"石器时代"系列，
它们大部分都被画成了有毛的犀牛的样子，但因为画面上没
有毛发，所以所描绘的也可能是冰河时期的草原犀牛。迄今，
人们所知的更加古老的洞穴艺术仅存在于西班牙的卡斯蒂略
洞穴（El-Castillo-Höhle）之中，在其墙壁上可见大约 4 万年
前的古老手印。在印度的苏拉威西岛（Insel Sulawesi）上也
能找到一些手印以及一种猪形印记，准确地说是东南亚疣猪
的形象 —— 它们有 3.5 万到 4 万年历史。肖维岩洞中的绘画
以其现代性的影响力而吸引了世人的目光。石器时代的人类
用寥寥数笔勾勒出犀牛的基本形态，几个世纪之后，毕加索
在他的公牛图像中也成功运用了这一点。这些壁画的创造者
描绘的有些是单独的犀牛，头上顶着一根相当长的犀牛角；
有些则是两头相对而立、相互接触的犀牛 —— 像是要打架，
也有可能是在进行交配的前戏。在最伟大的构图中同时出现
了 17 头犀牛；但它们并非一群野兽，而全都是同一头动物。
在闪烁的灯光中 —— 这在同样古怪的电影制作人沃纳·赫尔
佐格（Werner Herzog）的电影作品《被遗忘的梦的洞穴》（*Die
Höhle der vergessenen Träume*）中有很多表现 —— 那些一头接

着一头出现的犀牛看起来就像处于一场光与影的游戏之中，它们仿佛按照设计好的舞蹈动作在活动，如同在动画片里一样。因此，这些壁画是人类早期的杰出作品，它们已经制作出了未来的艺术样式：可以说，它们是史前的卡通作品；或者可以理解为一种 3D 效果，因为它们完美地利用了洞穴墙壁的空间结构。对于赫尔佐格来说，这些图像创造了"一种原型电影院"。

　　但是它们为什么值得称颂呢？为什么石器时代的人将它们画出——这就等同于一种完美呢？理论上的理由已经有足够多了：为了将掠食动物进行神化，或者使自身免于受到它们的伤害？这里所描绘的不仅仅是狩猎野兽这件事——这也许是非常危险的，而画在墙壁上以后，这些动物就没有那么具有攻击性了。这个岩洞是由萨满所创造的一个神圣场所吗？赫尔佐格曾经提到他在那里所感受到的一种神圣的虔诚："这里好像能够唤醒现代人的灵魂"——在犀牛的陪伴下。自 2014 年开始，肖维岩洞被联合国教科文组织列为世界遗产。同年，为了保护这片原始艺术，人们在 3 公里外建立了一座精确的洞穴复制品。艺术家及史前学家吉勒斯·托塞罗（Gilles Toello）复制了其中最重要的一批图画，他坚信这些图画并非简单的自然故事，而是在探讨人类的永恒问题：我们从哪里来？生命的意义是什么？我们将到哪里去？在石器时代的意义找寻中，最中心也最突出的就是犀牛。

1994 年，即发现肖维岩洞的那一年，位于伦敦的大英博物馆收到了一只砂罐——里面有一张书写在梨树皮上、有着 29 部断篇的手稿。当研究者们成功地将破损的部分拼凑在一起并且补充完整，这个发掘物的原貌便重新展现了出来，它是人们已知的、最早的佛教文章：一份佛经。它是在 2000 多年前，用印度中部的方言犍陀罗语（Gandhari）书写而成的。一系列诗行描写了集体生活的隐患，以及独处的优点，这是人们为了寻找内心的和平而书写的。

为了快乐与信任而感受着，

当心被束缚，人们会失去幸福。

在熟悉的交往中观看这种危险，

人们想要独自漫游，就像犀牛一样。

如果我与他人在一起，

就必须忍受无用的话语和坏脾气！

提前预见这种未来的危险，

人们想要独自漫游，就像犀牛一样。

不要贪婪，也不要狡诈，没有什么值得渴望，

不要粗暴，为激情所净化，为幻想，

不要在世间强求某事，

人们想要独自漫游，就像犀牛一样。[1]

从动物学的角度来看，这是符合实际情况的：亚洲的犀牛更喜欢在树林中生活，相较于非洲犀牛来说，它们更加孤独，在非洲的品种中，至少白犀牛非常喜欢结伴而行。因此，犀牛在"犀牛佛经"中是那些正在找寻意义的、想要远离世界以及自身感官纷乱的佛教苦行僧与云游僧人的典范。

这种"使人开悟的犀牛之路"与尤金·尤内斯库的戏剧《犀牛》中那些喘着粗气、跺着脚的厚皮动物没有什么相似之处。作品中，犀牛们只在开头部分出现过：最初，犀牛如涨潮般涌现，人们对此感到惊异，而随后，人群中突然产

1　完整的"犀牛佛经"可在以下网址找到：www.palikanon.com/khuddaka/sn/sn_i03_75.html。

生一个现象，即居民们主动地想要加入犀牛的队伍，想让自己变成犀牛。由于无法抵抗这一巨型动物所带来的冲击，于是人们开始突变。他们更愿意让自己成为这种喘着粗气、暴力并且将一切都踩在脚底的厚皮动物，因为与其他的方式相比，这样的生活对大多数人来说会更容易。他们首先会长出从"犀牛鼻窦"那里传染到的肿块，皮肤开始变色，然后出现犀牛角。这正是施梅特林先生（Herr Schmetterling）变成厚皮动物的过程——当然是相当荒诞而滑稽的。主人公贝林尔（Behringer）则不得不仔细地监控着周围整个坏境的转变，他非常坚持自己的观点："一个人变成一头犀牛，毫无疑问，这根本不正常。"最终，尤内斯库的作品为一种压抑的氛围所充斥：即使是那些最初反对犀牛的人，自己也变成了犀牛。"他改变了想法！每个人都有权利去发展自己。"一个强大的少数派由寥寥几头犀牛成长起来，而很快，每个人身边都有了一个已经变成犀牛的人；甚至枢机主教中一些具有名望的人士也加入了这一野性部落。最后只有贝林尔与黛西（Daisy）还保持着人类的形态，两者是一对恋人。然而黛西无法忍受自己作为剩余的他者而生活，从前她是正常人，而现在却属于异类："现在人类才是！它们看起来是那么快乐……它们非常自然。它们才是对的。"最终，黛西离开了她的爱人，变成了犀牛。贝林尔只好孤单地留下，作为拒绝变成犀牛的唯一的人类。最终，他成为了人类这一物种中的最后一员。

尤内斯库的戏剧上映于 1959 年，即第二次世界大战之后，它常常被视为针对一种社会模式的寓言，具体来说就是一种在最初经历了的一段不适期，随后便毫无反抗地顺从诸如民族主义那样的极权政体的社会。然而尤内斯库在后来解释说，这部戏剧并不涉及某种特定的意识形态，而只是对群众运动（Massenbewegung）的一种广泛批判：一开始，某种看起来毫无危险的原始力量在某个时刻闯入了社会，然后从一种边缘现象开始变得正常化，最终获得统治权。结果是：人类的社会瓦解了。在这一过程中，犀牛的形象正是对逐步逼近的恶势力的象征——它们作为并不敏感、只是装备了盔甲的生物，最终通过纯粹的力量获得了认同。

在费德里科·费里尼 1983 年的电影《船续前行》中，犀牛则展现出天真、无辜而滑稽的一面：在第一次世界大战爆发前不久，豪华游轮格洛丽亚 N 号（Gloria N.）进行了一次海上航行。甲板上摆放着史上最伟大的女歌剧演员的骨灰，出席的人员是她的一批同行与崇拜者，他们负责将她的骨灰撒入大海。小报记者奥兰多参与了这段悲伤的旅行。犀牛——其影片形象是用纸浆制成的——在电影中只有 3 次出场；在大多数情况下，它都带着"爱情的苦闷"而在货舱中晕船。在一次船上观光的活动中，它打动了所有悲伤的客人，因为它实在太过虚弱。那位土耳其护理员爱抚了它，并表示很担心，因为它不再进食。为了让这头犀牛能好起来，人们用一架吊车将它从船腹的位置向空中高高地举起，并试图放到前方的甲板上。当犀牛软绵绵地被悬吊在空中时，它的体内倾泻出一股腥臭的巨浪，那些秽物都噼里啪啦地拍在了甲板上。由于身处一战前极其紧张的局面中，这艘游轮最终不得不与一艘奥地利—德国的战船对峙，结果是，两艘船都沉没了。大部分乘客在几只救生艇上幸存下来——电影结束在本章开头所提到的一幕：奥兰多，这位记者，歌颂着这头犀"牛"所产出的牛奶。费里尼曾有一次被询问到，犀牛究竟代表着什么：在 1914 年，所有的船只都有义务要携带一头犀牛到货舱中——这位导演这样回答。

　　尤内斯库与费里尼的犀牛形象是如此不同，但他们所使用的手法又极其相似。在两者的作品中，这些厚皮动物的出现都指向了其他的时代：费里尼的电影是为古老而有教养的

萨尔瓦多·达利：我是一头犀牛，但是有小胡子的犀牛

欧洲文化所谱写的终曲，尤内斯库则描写了文明化秩序的衰落。在两部作品中，犀牛都站在历史转折点的中心——并且成为全球化变革的象征，而在这一变化中，人性正在丢失。

　　萨尔瓦多·达利看待犀牛的方式却完全不同。在1950年，当他得到了一只真正的犀牛角作为礼物时，他兴奋地朝妻子尕拉（Gala）大喊道："这只角将会拯救我的生命！"达利在这里所说的并非医学意义上的拯救，而是从那开始，犀牛变成了一种强迫症，变成了他的一位缪斯女神。相比于这头动物本身，其犀牛角的构造原理更加令他兴奋，因为达利在其中看到了一种"上帝的几何学"——一种完美的对数螺旋，这在蜗牛壳、向日葵花盘的种子以及宇宙的旋涡星云中都可得见。在他的《红细胞周期》（*Korpuskulare Periode*）中，达利将像素创作成三维空间，就像许多炸裂开的粒子那样，并且在整幅画作中，有好几个部分都是由漂浮的犀牛角组合而成的。[1]达利，这位伟大的怪人，也多次对丢勒的《犀牛》表示敬意：1956 年，他在一座约 3 吨重的雕塑背上放置了一只海胆，并将其展览于马贝拉（西班牙南部城市）的码头；同年创作的一座名为《滑稽的犀牛》（*Kosmischen Rhinozeros*）的铜雕中，丢勒的犀牛踩在高跷上——背上"加冕"着一只金色的、由几只海胆堆叠在一起而构成的犀牛角。

　　包括威廉·肯特里奇（William Kentridge），这位最擅长夸夸其谈的南非现代艺术家，也从丢勒的《犀牛》中获得

---

[1]　风格最为爆裂的作品有：《拉斐尔的头颅》（*Raffaelskopf*）（1951 年）、《对维米尔花边女工的偏执狂批判研究》（*Kritisch-paranoide Studie der Spitzen-klöpplerin von Vermeer*）（1954 年至 1955 年）、《受到自身贞洁强暴的年轻少女》（*Jugendliche Jungfrau, von der eigenen Keuschheit beschwult*）（1953 年），以及《菲迪亚斯·伊利索斯的犀牛形象》（*Ehinocerontic Figures of illisus of Phidias*）（1954 年）。

了灵感。其作品中的犀牛虽然不是印度犀牛，而是两角的非洲犀牛，但是它们侧面的体态以及身体上的褶皱，都是非洲犀牛所不具备的，而令人联想到丢勒。根据肯特里奇的观点，在这幅被那位从前的大师塞进一个狭小空间、穿着铠甲的圣像画中，也包含着一种全球化、殖民化以及排他性的世界观——包括"欧洲将非洲视为陌生大陆的思想"。作为黑人律师，肯特里奇的父母在很早以前还在种族隔离的进程（Apartheidsprozess）中进行过辩护，因此从 2005 年开始，肯特里奇让他那有些丢勒风格的犀牛变得不那么自然，或者说变得更好：它们用一种文明化的、被驯化的方式笨拙地蹦跳、飘浮、跳舞；一头受过训练的犀牛——一位符合大众口味的演员，按照观众最喜爱的方式——像木偶一样被丝线悬吊在天花板上；犀牛"傻瓜"，这个蠢材，像狗一样随着人们命令，"坐下！"，便耐心地守候在空空的饲料盆前面。从 2007 年开始，肯特里奇的那些被印制在石版画上的犀牛已经表现得更加自信了，似乎随时准备战斗——就仿佛从前那头被固封在圣像画中的野性生物将自己从铠甲中释放出来了。

艺术家们就这样利用了犀牛的"他者性"。那些时而表现得怪诞，时而又几乎可笑的动物刺激着人们的幻想，它们提供了一个奇异的外壳，而内里则可以由不同的内容来填充。这个古怪的生物向我们提出了最本质的问题，它让我们得以描述那些非同寻常的、批判性的生活处境——不论是存在性的还是政治性的。在这个过程中，人们所关注的从来都不是犀牛本身、它的真实特征抑或是其存在的本质——除了一个人之外，他也属于非传统类型的艺术家：1983 年，安迪·沃霍尔（Andy Warhol）在《濒危物种》（Species at Risk）系列的10 个丝网印刷品中，创作了一头黑犀牛的肖像。1986 年，他与当时的动物园园长圣地亚哥·库尔特·贝尼尔施克（San Diego Kurt Benirschke）一同出版了《消失的动物》（Vanishing animals）一书，在其中，他还制作了 16 幅濒临灭绝的物种的肖像——其中也包括苏门答腊犀牛。至少，沃霍尔将犀牛按照自己的意愿放入了艺术中，但在这里仍然绕不开有关存在性的问题：物种的延续。如今，犀牛的处境比在那个时代要更加岌岌可危，但是沃霍尔通过令人迷幻的色彩，甚至利用了玛丽莲·梦露、丽兹·泰勒、肯尼迪总统或者坎贝尔的汤罐头等元素，让犀牛成为了一种保存在流行艺术世界中、对于濒危物种进行警示的标志。

20世纪初，西奥多·罗斯福（Theodore Roosevelt）在东非探险，这是世界历史上最大型的游猎旅行，战利品狩猎（Trophäenjagd）开始繁荣起来

前进

我所谈的是非洲以及金色的欲望。

——出自莎士比亚的《亨利四世》，第二分

是什么让一位美国总统放弃了第三段任期？诺贝尔和平奖获得者西奥多·"泰迪"·罗斯福在1909年回忆起莎士比亚的诗句，于是，他将那用猪皮包裹的旅行图书馆收拾起来，里面有《尼伯龙根之歌》(*Nibelungenlied*)《伊利亚特》(*Ilias*)、《奥德赛》、但丁的《神曲》(*Göttlicher Komödie*)、莎士比亚的戏剧、雪莱的诗歌以及其他古典作家的作品，然后与儿子克米特（Kermit）一同去往非洲东部：去进行世界历史上最大型的游猎，途经肯尼亚、乌干达、比利时统治的刚果以及苏丹。有265名挑夫运送了他们的装备，其中包括几百个陷阱以及4吨盐，这是为了让兽皮得以长时间保存，当然别忘了还有那座图书馆，以防探险的过程会无聊。

"瞧瞧他呀"，克米特在途中说，"站在非洲平原的正中央，还深深地沉醉在他那些史前的思想里。"大型的雄性黑犀牛可以说是一段早已逝去年代的遗物，可如果它出现在父子二人面前，对父亲罗斯福来说，它就与大象、狮子和公牛一样，是非洲最为危险的狩猎动物。作为一场力量比试的缔约者，它具备这样的素质：当时的总统认为狩猎是一种"积极进取的男子气概"的表现，要是没有这种特征，无论"国家还是个人"都无法应对生活。当他偶然间在丛林中遇到一头黑犀牛时，他终于可以检验一下新买的 Holland&Holland 牌二连发猎枪：第一颗子弹就击中了犀牛，并射穿了它的两块肺叶，它掉转头，血液已经从鼻孔中喷涌而出，而这头巨兽开始朝着射击的方向狂奔；当第二颗子弹穿过它的肩膀与后颈，并深深地扎了心脏，就在距离这位前总统不到 4 米远的地方，"这头有着猪一般小眼睛的怪物"倒在地上死去了。罗斯福十分惊讶于这头怪兽的生命力，因为它居然能够如此长时间地承受住他的武器伤害；如果是一头狮子，早在第一次中枪时就会倒下。由此，狩猎对于罗斯福来说不仅仅是一场人类对抗动物的斗争，还是一场科技对抗荒野的测试，这能展现出"勤劳且具有主导性的文明"的优势地位。

从前，只有传教士与探险旅行者经过艰苦跋涉才能进入

人类对抗怪兽：对罗斯福来说，狩猎不仅表现了"劲头十足的男子气概"，同时也证明了文明的优越性

非洲大陆的腹地；而眼下，英国人在接近 19 世纪末修建的乌干达铁路，作为当时现代化技术的体现，将这对父子更加轻松、舒适地带到了东非动物王国的草原地区。罗斯福享受这趟游猎旅行，认为它就像是一段臆想的、回到了史前时代的假期——他将这项娱乐命名为"坐火车去更新世"[1]。对他来说，一切都"非常栩栩如生"，那些本地的挑夫是"强壮、宽容并且心情愉悦的野人，从某种程度上来说非常天真"。他认为这些非洲的民众还处于低级的文化发展阶段——"他们赤身

1　也称洪积世，指的是从 258.8 万年前到 1.17 万年前的时期，是地质时代第四纪的早期。——译者注

裸体，就像我们旧石器时代的祖先那样"。这里的一切景象对他来说都是一幅"未开化的、自然的"图像。在几个世纪之前，由意大利人带来的牛瘟将非洲东部的游牧文化摧毁殆尽。当瘟疫来临时，有大约三分之二的马赛人随着房屋以及野生动物资源的急剧减少，最终死于饥荒。在肯尼亚，由外传入的天花使得整个地区的人口几近灭绝。当罗斯福一家到来时，这里的野生动物资源已经得到了一定程度的恢复。

　　他们并非为了得到大件的战利品而进行狩猎，这场考察受到极具声望的华盛顿史密森学会（Washingtoner Smithsonian Institution）的资助，因此具有"纯粹的科学性特征"：仅仅父子二人就射杀了超过 70 个品种的 500 多只动物。在 10 个月后，有超过 5000 只被杀害的哺乳动物、4000 只鸟类、500 条鱼以及 2000 只爬行动物从水路被运送到美国各个博物馆。在这段考察旅行期间，两人捕获了 20 头犀牛，其中有 9 头是几年前才被发现的北部白犀牛。罗斯福期待着能够使这种不断灭绝的情形尽快得到扭转，当年它们的表亲，也是最大型的犀牛品种，就在这片大陆的南部，由于白人殖民者需要开辟土地发展农业与畜牧业而被大量射杀，剩余者寥寥无几。作为总统，他自称是一名成功的自然保护者，他在美国建立了五座国家公园与许多自然保护区，用于保存自然风景与自然奇观。如今，他认为自己的任务在于"给博物馆猎取一些优秀的动物种群"——以防止这些物种被人遗忘。由于他并不相信它们能够得到拯救，所以他打算，至少为后世留下它们的标本。犀牛在他们的旅程中十分常见：有一次，克米特在一天之内就见到了 10 头白犀牛。他们猎杀的所有动物都成为了这段考察旅行的餐食，西奥多·罗斯福特别称赞白犀牛的肉为"最美味的肉类"，特别是头部后方的大块凸起部分。[1]

美国联合新闻通讯社的记者跟踪报道了罗斯福的这场大型考察之旅，并在美国制造了一场新闻大事件，因为"泰迪"也是第一位懂得运用大众媒体的美国总统。也正是由于这段探险报道，他早在 1910 年就已经出版的著作《非洲游戏踪迹》（*African Game Trails*）以及克米特所拍摄的照片很快在非洲引起了一场游猎热潮：许多身体强壮的男演员，都想要与这种

---

[1] 对于其他的猎人来说，犀牛也是一种美味的食物：托马斯·摩根（Thomas Morgen）于 19 世纪中叶在南非游猎，他将犀牛肉与白菜、土豆一同食用，并特别赞美了肝脏与心脏部位。1910 年，美国猎人约翰·麦卡琴（John McCutcheon）发现犀牛的舌头比牛舌更加美味，对他来说，犀牛尾汤是"每个白人餐桌上的一场伟大的盛宴"。

未经驯化的怪兽一较高下。那些著名的野生动物猎手，例如波尔·冯·布里克森·芬内克（Bror von Blixen-Finecke）与丹尼斯·芬奇·哈通（Denys Finch Hatton）——他们因塔尼亚·布里克森（Tania Blixen）的作品《非洲，神秘而诱人的世界》（Afrika, dunckel lockende Welt）而成名——带领着富有的猎人们穿越非洲东部的荒芜地区进行游猎。后来，芬奇·哈通批判了这场"屠杀的狂欢"，因为当时那些"白人猎手"[1]在塞伦盖蒂就像一群"有许可证的屠夫"，通常一整天待在汽车里都能猎杀 20 头狮子。因此，犀牛也很快在其所聚居的犀牛王国中的许多地区都消失了：有一名特别的猎手，约翰·亚历山大（John Alexander），他射杀了超过 1600 头犀牛，仅仅在 1944 年 8 月到 1946 年 11 月期间就猎杀了 996 头——之所以这么做，是由于他与肯尼亚政府签订了协议，帮助其开辟坎巴这片地域。后来证实，经济作物在这片土地上根本无法生长——将犀牛赶尽杀绝的行为根本是多余的。

诺贝尔文学奖获得者欧内斯特·海明威（Ernest Hemingway）也是狂热的野生动物猎手："杀戮最大的乐趣就在于那种对死

---

1 也被翻译为"黑心猎人"。——译者注

在 1900 年左右，非洲还是犀牛的王国，有足足 100 万头犀牛在大草原上游逛。
图片来源于布雷姆的《动物生活》

亡的反叛，当人们制造死亡时，便能感受到它。"他发表于
1953 年的作品《非洲的青山》(*Die grünen Hügel Afrikas*) 是
一部自传性的狩猎见闻。在他那头"梦中的犀牛"为其狩猎
伙伴卡尔所射杀后，这位睾丸素上涌的诗人充满嫉妒地望着
它那奄奄一息的脑袋："现在我们站在那里……打算给这头犀
牛摆出一个好看的表情，它那只小角比我们那头的大角还要
长。"在此之前他自己带走的那头犀牛，现在对他已经毫无价
值，只有对于兽角的嫉妒还笼罩着他："这头犀牛的角才是成
熟的，我的犀牛在它旁边显得如此矮小，我绝不会将它在同
一座小城里，或者在我们都居住过的地方展示出来。"

　　1962 年的浪漫主义探险戏剧《危险！》(Hatari!) 则展现了时代的转变：约翰·韦恩（John Wayne）、哈代·克吕格尔（Hardy Krüger）与两位同样刚强的勇士一同去捕猎犀牛，他们不像海明威那样爱发牢骚，而完全是自我嘲讽。一开始他们没有射杀动物，而是用移动的镜头记录着，将它们活捉到塞伦盖蒂与恩戈罗恩戈罗火山口[1]——以便由此向全世界的动物园运送。在电影的初始，韦恩与克吕格尔打算全程都驾驶两辆吉普车而穿越崎岖的荒原与疾驰的非洲牛羚群，并且想要用套索捕捉一头黑犀牛。"毫无疑问，你无法判断一头大型野兽会做出什么，它以极快的速度向左侧闪避了一下，然后直接撞毁了吉普车的铁质栏板。那时，我感觉车子就要解体了，而紧接着在下一刻，那头高大的犀牛又出现在底盘下方，用它厚实的头骨向上猛顶，吉普车一下子被举到空中，就像是用纸片做成的一般……不一会儿，我就滚到了两只齿轮上面。"多年后，克吕格尔这样描述那些场景，而它们也被真实地拍摄了出来。为期 6 个月的拍摄工作让他印象深刻："我好像重新回到了 15 岁，重新去追寻、探险。"克吕格尔移居到

1　非洲坦桑尼亚北部，两者自 1956 年开始合成一片。——译者注

了坦桑尼亚，这是他在著作《一座非洲农场》（*Eine Farm in Afrika*）中写到的。"我找到了我的生活，那里有我真正的归属感"：野性并自由，夜晚端着一杯双层的威士忌，四周充斥着游猎的浪漫风情。在那里，犀牛出乎意料地给他带来了第一个爱情的夜晚，因为克吕格尔将他年轻时的爱人——后来的妻子——弗朗西斯卡（Francesca）邀请到了他的农场。在到达之时，他举办了一场庆典，为了让她印象深刻，他还在夜晚领她去往荒芜的郊区，希望能见到大象与水牛。途中，吉普车陷入水沟无法动弹，于是他下车步行了一段，想要寻求帮助。弗朗西斯卡不愿独自在车内等待，便与他一同前行。"才走了几百米，就有一个沉重的喘气声让我们不得不停下脚步。我们吵醒了一头正在休息的犀牛。"于是他们决定待在车里，"这一情形开始让我觉得有趣。"克吕格尔这样写道："谁曾有过这样的幸运，能够被一头犀牛看守着，同时有年轻的爱人作陪，这样去度过一个被万物环抱着的夜晚呢？"

法兰克福动物园前园长伯恩哈德·格日梅克（Bernhard Grzimek）鼓励人们对非洲与游猎产生向往，但并非依靠那些浪漫的调情。他所关注的是野生动物保护。在各类书籍、文章与电影中，他都报道过犀牛与它们那令人惊异的生活：他的观察是从 6 头恩戈罗恩戈罗火山口的成年狮子那里入手的，它们对一头犀牛进行了戏弄。通常来说，这两个力量型的物种会相互避开，但是大猫们总是技痒。它们将那只厚皮动物包围起来，时不时地便有一头突然扑上去，用爪子拍打它的臀部。格日梅克观察到，这头犀牛会十分愤怒地转过身，然而——由于它一贯视力不好——因此没能发现任何动物的踪迹。当它渐渐地不再对这种拍打做出回应，狮子们也就失去了兴趣，就此散开。于是，格日梅克有一次也像这样无所畏惧地来到了这头并没有受到驯化的大家伙跟前——并且携带着他在一家玩具公司中特别定制的可充气的塑料动物。面对由废气填充而成的虚拟动物时，这头野生犀牛会做出什么样的反应呢？动物电影编导艾伦·鲁特（Alan Root）回忆说："我们在充气的时候发现，它们被制作得很粗糙，颜色俗气花哨，体形肥胖而滑稽，而且闻起来还有一股塑料的臭味。"由于这种塑料犀牛在风中会像气球一样摇摆，于是鲁特决定站在后面扶住它。就这样，他拿住气球并且向一头年幼的、正在安静休息的雄性犀牛走了过去。就像刚才提到的，因为视力不太好，这头犀牛在距离自己 10 米左右的时候才发现这头充气的"同类"。这头年幼的犀牛发出了轻微的试探声，听起来像

带着凝重的神色穿越天堂般的自然风光：托马斯·贝恩斯（Thomas Baines）的《黑犀牛》（*Das Schwarze Rhinozeros*），1871 年

是猫叫，同时走向了这头看起来比它还要大的家伙，试图与它打招呼；它温柔地用脑袋在这头假牛的身上蹭了蹭，尽管这个陌生的形象比它大得多，而且还散发着一股塑料与废气的臭味。鲁特因此认为，对犀牛来说，从视觉上所获得的信息比其他所有的感官都更有效力。

格日梅克用这种假动物对其他的幼年大型动物也做了同样的举动，并得到了相似的反应。随后，鲁特便对一头带着幼崽生活的犀牛家庭进行了尝试，然而母犀牛将气球看成了一头年轻的雄兽，以为它要来杀害自己的幼儿，同时让自己重新怀孕，然后获得它自己的孩子。因此，当鲁特距离它 5 米远时，它直接冲向了这头后面还站着一位男士的塑料怪物，并且通过 3 次愤怒的摆头将这头怪物的下巴、胸口与腹部撕开。鲁特此时距离这头被激怒的犀牛不超过 3 米，"要不是这头假犀牛很快地漏了气，发出了巨大的排气声并弹到这头母犀牛的背部，那么我想自己根本无法获救"。不管怎么说，这次经历创造了一些伟大的画面，也让人们至少认识到这一点："实验无法阐明任何天然的动物行为——除了说，为什么年轻男人在人类这一物种中，是最容易引发事故的年龄组。"

温情的摩挲

犀牛对于友好的感应比其他任何动物都要快。

——达芙妮·谢尔德里克

"嗯……"当茉莉亚·霍比（Julia Hoppe）用手轻挠着它的脑袋时，艾诺（Eno）发出哼哼的声音，并将它的前角从笼子的栏杆中间伸出来。"犀牛们喜欢人们花时间去陪伴。"三年半以来，这位 25 岁的动物护理员都在明斯特全天候动物园（Allwetterzoo Münster）中工作，负责照顾大象与犀牛。这里由于对白犀牛的成功培育而变得知名：已经有超过 12 头白犀牛在这里出生了，其中也包括 2013 年 5 月出世的公犀牛艾诺。茉莉亚从它一出生就认识它了，而且谁知道要是没有她在场，艾诺能不能平安地度过最初的几个小时。由于它的母亲雅内（Jane）是第一胎分娩，当小犀牛尝试站立起来的时候，总是不断重复地摔倒，母亲则用头上的角去攻击它的小宝贝。这简直是一个令人担忧的情景。不论人们用扫帚或

鲁弗斯（Rufus）脾气温顺。达芙妮·谢尔德里克养育了许多犀牛孤儿，她甚至让自己的女儿骑在这头黑犀牛的身上

者水枪去阻挡，对这个大家伙来说都毫无作用，因为它已经生气了。"于是我全程都在冷静地对雅内进行劝说。"茱莉亚说，"我说了我能想到的一切，有关于天气的，还有关于一

切都会好起来之类的。"这种熟悉的声音让母犀牛逐渐平静下来，并且放弃了对孩子的攻击。然而当茱莉亚刚刚离开房间，它又立马对小犀牛发起了行动，这位动物护理员不得不再次留下。

茱莉亚对我解释说，犀牛就是不喜欢新的事物而已。如果什么东西在它们熟悉的领域中发生了改变，它们马上就会感到心烦意乱。如果人们开玩笑地把轮胎挂在笼子里，两头雌性的白犀牛维姬（Vicky）和雅内首先就会拒绝进入。接着，它们会愤怒地用犀牛角去攻击轮胎——不断反复地攻击——直到它们习惯了轮胎的存在。与此类似，新生儿也让雅内感到异常，"它由于分娩而变得紧张。当它的宝宝晃动着四肢，并且一直重复地尝试站起来又跌倒，它会感到所有的事物都在变化，因而紧张不已。毕竟这是它的第一次"。数小时之后，小犀牛终于能够平稳地站立起来，这也让雅内平静了不少。从那之后，它就再也没离开过艾诺身边，并且像英雄那样保护着它："不管是一名动物护理员还是一头犀牛走来，它都像一位优秀的母亲那样，总是挡在它身前。"

在此期间，这头公犀牛——白犀牛宝宝在出生之时就常常重达50多千克——最终长成了一头1.5吨的重量级"闹市青年";对于茱莉亚来说,它却依然还是那个"小家伙"。现在是训练时间,她手上拿着一根木棍,顶部插有一个黄色网球,站在艾诺的笼舍前说"目标",她不断重复着这条指令,并且每次都把球放在栏杆的另一个间隔处,因为这个"目标"就是:艾诺应当用嘴巴去触碰球,并且就这样根据护理员的引导,来到她所期待它到达的各个位置。每次听到新的"目标"指令时,艾诺就会跟着球走,并用嘴巴轻轻地触碰。作为奖励,它会得到一块面包,还会被温柔地轻挠。"嗯……"然后茱莉亚就可以触碰它的全身——有时在敏感的耳朵上,这里经常要接受注射;有时则在已经展开的、超过半米长的阴茎上。对于艾诺的父亲哈里(Harry),这位足足有 2.5 吨重的家伙来说,这种手动的操控十分重要,因为它那巨大的性器官上有一处撕裂伤。"必须按时地在这个伤口上涂抹药膏,否则当夏天来临时,那下面很快会长满苍蝇的幼虫。"茱莉亚说。如果这位巨大的哈里不是一头如此平静而安详的犀牛,那么它就必须每次都接受麻醉,而这么做总是有风险的。

犀牛们也有学习的能力。在这间全天候动物园中,全部的四头犀牛都能够听懂它们的名字,每当茱莉亚呼唤,它们就会走过来——至少大多数时候是这样。但它们并不像大象那样"狡猾"，茱莉亚对犀牛们有不一样的评价："我没有见过任何一头不喜欢被抚摸的犀牛。大象有时候则比较麻烦，有一些甚至会直接走掉。犀牛却很喜爱这么做，它们是懂得感恩的动物，并且每一天都会为新鲜事物而感到愉快。"尽管如此，这种接触还是具有危险性的，除非在极少数的特殊情况下，否则护理员都会待在结实的金属栏杆后面。原因很简单，犀牛拥有如此强大的力量，当它们遇到不同寻常的声响或事件时会变得惊恐，随后丧失自控能力并粗暴地狂奔起来。有一次，一位护理员正将奶瓶递给一头年幼的犀牛，它是由他亲手抚养长大的，然而突然间，他裤袋中的手机响了起来。这头至少也已经有 600 千克重的"小犀牛"吓坏了，它转过身，撞断了这位护理员的腿，使得他胸腔着地摔倒在笼子里的水泥饲料槽上——因此也造成了多处挫伤与肋骨骨折。这件事如果发生在一头已经成年的、有着发育成熟的犀牛角的犀牛身上，那么后果也许会很严重。有一只水羚就遭遇了这种状况，它从非洲区围栏里溜了出来，并跳进了犀牛的领地。它直接在维姬，这头动物园最年长的母犀牛面前着陆。就在顷刻之间，这头受到惊吓、快要满 20 岁的犀牛立马对入侵者发起了攻击，它用前角刺入水羚身体侧翼的下方，

一件珍品：只有极少数的爪哇犀牛生活在人类的保护之下；它们也从来不在那里进行繁殖。这幅描绘了一头公犀牛与一头小母犀牛的水彩画由赫尔曼·施莱格尔（Hermann Schlegel）在 1860 年左右创作

然后愤怒地将其扔到空中。羚羊在笼子里无处可逃，很快便伤重而亡了。"当犀牛们感到不安的时候，会在几秒钟之内对侵略者火力全开。"茱莉亚说，"作为人类，你是无法从那种情况下逃开的。"因为在短距离内，犀牛跑得更快，它们的速度能够达到每小时 40 千米以上。

维姬现在靠在将我们分隔开的金属栏杆上，我接受它的邀请，开始试探性地去抚摸它，首先从背部开始。那里很坚硬，有着干硬的表皮，就像小孩摔跤后在膝盖处所留下的结痂。

我的手从那里游走到头部的凸起，那块经过西奥多·罗斯福的品尝，并被称赞为"最美味的肉"的部位，就像一个圆凳坐落在后脑勺上。"那里全是肌肉。"茱莉亚说，"它们必须用犀牛角来带动肥胖的脑袋。"在凸起部位与颅骨的中间有一块厚重而拱起的颈部褶皱，我可以好好地按摩这里。维姬对于我的回答是一声惬意的响鼻："嗯……"为了给我展示哪个部位还想要被抚摸，这头犀牛开始在金属栏杆上来回地盘绕。我的手来到了脖子上的皮肤褶皱中，那里布满了圆鼓鼓的小肿块，很柔和；从那里滑行到耳朵，触碰到位于头部的毛发，它们固执地长在顶部，却出乎意料地柔软。耳朵后面的皮肤触摸起来感觉像被鞣制得很好的皮革；硬邦邦的额骨上方非常细嫩与温暖。我的手指越过维姬布满褶皱的脸，滑过它的脸颊，掠过它的眼睑。眼睑下面小小的棕色眼睛没有抽动一下，相反，维姬再一次地从那宽阔的、有着饱满而温暖嘴唇的嘴巴中发出了响鼻声："嗯……"接着，我察觉到那只前角——它冰冷而坚硬，侧面被刮平了。它是那样端庄地坐落在面部的前方。它会有多重？ 1.5 千克？它在黑市里会卖出什么样的价钱？近年来，偷盗犀牛角的行为在整个欧洲的博物馆与展览会中都屡见不鲜，在明斯特动物园中也已经有犀牛角与

象牙在展览柜中遭遇盗取。因此在夜晚，这里的犀牛都会受
到监控。2017 年 3 月，巴黎西部图瓦里镇的动物园中有一头
犀牛身中三发子弹而死，两只犀牛角也都被锯走了，因此从
那开始，动物园中充斥着对于"偷猎者"的恐惧。我再一次
轻轻地抚摸着维姬柔软的脸颊。"嗯……"它回答说，"继续
这样！"

并非由于犀牛角的重量而倒下：一头被猎捕的北部白犀牛，比利时—刚果，1920 年

对犀牛角的贪婪：强大的传奇

犀牛 ['rainou] :

英文释义：1.犀牛；2.[口语] 金钱，钱币。

犀牛的角曾经是世界上最受人追捧的物料之一，它甚至比黄金与可卡因还要值钱。在中国与越南的黑市中，1 千克犀牛角可以卖出高达 10 万美元的价格。这种坚硬的灰色物质主要由角蛋白构成，它也是毛发、蹄甲与指甲的重要组成部分。犀牛们就用这个来攻击敌人，不管是对其他猛兽还是对待汽车都完全一样：一头愤怒的犀牛能将一辆汽车刺得满是窟窿，看起来就像是一块"瑞士奶酪"，哈代·克吕格尔在他的著作《一座非洲农场》中这样写道。最长的犀牛角可达 1.58 米左右，在面对同类时犀牛也会使用犀牛角，但很少用来刺伤对方，而更多的是作为竞赛的武器。就像在一场高度仪式化的搏斗竞赛中那样，它们会用犀牛角来挑衅，在泥巴里打滚或者去舔舐岩石上的盐分，也都是挑衅的方式。有些犀牛角会从根部开始断裂，这是因为它们并不像牛或羚羊的角那样卡在骨头里，而只是长在粗厚的皮肤表层，那是一层丝线状的角蛋白纤维，与角质凝结在一起，因此，犀牛角很容易从头部脱离。

几个世纪以来，犀牛被赋予了特殊的能力与力量，它被推上了神话与传奇的舞台。而这些传言有多难根除，这个最著名的故事就能告诉我们：为了帮助男人重振雄风，中国人将犀牛角作为春药使用。在性行为方面，犀牛表现得的确更加持久，它们一次交配能持续一个小时或者更长，其中公犀牛还会多次射精。但是为什么这种力量会通过被研碎的角质粉末而转移呢？相信这种功效的人没注意到，这些巨兽在"做爱"时表现得多么"笨拙而迟缓"——英国自然保护者埃斯蒙德·布拉德利（Esmond Bradley）对那些迷信者这样调侃道。实际上，这些时常被引述到的有关中国性功能药物的故事不仅不真实，而且它们根本就属于一种传说——当然是西方的、欧洲的传说。虽然在传统中医学中，刺激性兴奋的药物常常取材于各式各样的动物，马丁（Martin）写道，其中包括猪肾与鹿角、蜻蜓目、猴脑与麻雀的舌头，甚至人类的胎盘与风干的虎鞭——它需要在白兰地酒中浸泡半年。然而这些材料中却没有犀牛。从 20 世纪 70 年代末期开始，他就在抵制非法的犀牛角交易。在此过程中他还发现了有关这段力量传奇起源的蛛丝马迹：它很有可能产生于 19 世纪中叶的东非港口。在当时，来自古吉拉特邦的印度人控制着销往远东的犀牛角交易市场，尤其是销往中国的。当欧洲人问起犀牛角具有何种功效时，他们回答道，可以作为增强力量的药剂——这句话在西方人的思想中马上就与中国的那些神秘用法联系在一起。此外，"古吉拉特人属于世界上少数几个真正将犀牛角作为春药使用的群体之一"。根据马丁的评估，在所有的犀牛角制品中，只有不到 0.5% 被投入了这一途径使用。

尽管如此，犀牛角质蛋白的使用在中国有着长久的传统。早在公元前 2600 年，犀牛就第一次被记载为一种药材。犀牛也会食用一些对人类来说具有毒性的植物，但是它们自己不会受到任何损害，生态学家与犀牛专家菲利克斯·巴顿（Felix Patton）认为[1]，人们因此有了这样的想法：犀牛具有分解毒素的能力。犀牛角制成的酒杯因此也能够使人避免中毒，因为具有治疗作用的物质会转移到液体中，它甚至可以减少病痛，

---

[1] 菲利克斯·巴顿：《打磨犀牛，为什么中国人尊重犀牛角》(Polishing off Rhinos. Why Chinese Revere the Horn)，《萨瓦拉》(Swara)，2016 年 4 月至 7 月，第 38 页以后。

延长寿命。除去由犀牛角雕刻而成的华丽酒杯以外，古老的中国还创造了其他的艺术品，例如将几厘米厚的犀牛皮制成了士兵的帽盔、甲胄与盾牌。风干后的犀牛皮十分坚硬，将它折叠七层就能很好地抵御当时的任何青铜武器。因此，生活在中国的品种：苏门答腊犀牛与爪哇犀牛，它们的数量从很早开始就在走下坡路。在公元200年左右，谁若获得了来自苏门答腊犀牛的角，就必须向帝国的中心进贡，随后来自爪哇岛、印度与非洲的犀牛角也是如此。到了19世纪，中国的犀牛实际上已完全灭绝，最后一头犀牛于1957年在云南的南部遭到杀害。

直到今天，犀牛角在传统中国医学中都可用于对抗"内热"、发烧、流鼻血、人类皮肤疾病、月经不调、伤寒、黄疸与癫痫等问题。犀牛的角质蛋白构造与人类的有所不同，它们的身体中含有额外的多种氨基酸与其他物质，包括微量元素与钙质。但是这些能够让它成为一种可对抗如此多种不同疾病的药物吗？令人惊讶的是，有关其功效的学术研究非常少——且大多都缺乏说服力。然而在一场治疗中，恰恰是对于某种功效的信念会对患者产生极大的影响——药物总是越贵越好。

因此，亚洲的犀牛在 20 世纪中叶就已经变得稀有。非洲在 20 世纪初大约有 100 万头黑犀牛，到 1970 年左右还有约 6.5 万头；四分之一个世纪之后，它们的数量由于犀牛角交易而降至约 2500 头。当中国与韩国在 20 世纪 90 年代禁止了犀牛的交易后，也门也颁布了条约，禁止人们出于虚荣的目的而将犀牛角雕刻成华丽的匕首手柄。如此一来，犀牛角的市场似乎终于得到控制。至少非洲犀牛的数量又重新增长了。

随着这个短暂的停顿，一切似乎都已平息，直到越南在 2007 年传出了这样的谣言：一位知名人士在服用了一种由犀牛角制成的药物后，他的肝癌痊愈了。这种神奇的治疗效果从始至终都没有得到过确证，有人说这位被治愈的主人公是一位不知名的首相总理，也有人说是他心爱的女人，或者任何一个化名，是位久负盛名的人士。这名所谓的病人也从来都没有被人找到过，但是这些传闻已足以刺激得那些非法的犀牛交易重新开启：2007 年，在南非这片有着最大犀牛居住数量的国土上，只有 13 头动物遭到非法猎捕；而在 2011 年，这一数量上升到 448 头，到 2015 年已经有 1175 头动物由于它们的兽角而遭到屠杀。一场残暴的犀牛角战争爆发了，并且其惨烈程度无与伦比：偷猎者用直升机从

在古代中国，人们用犀牛皮制作盔甲。直至今日，犀牛角在那里仍然是一种药材

空中攻击保护区的动物，然后杀害、割去它们的兽角。不到一天的时间，这些珍贵的角质蛋白就已经在运往东南亚的途中——它们大多被装在人们不会轻易损坏的外交官的行李中。从兽角的狩猎到贩卖，一切都是通过高科技的手段设计并执行的，目的就在于隐瞒这些非法的百万级交易的痕迹，能够与此相提并论的只有毒品交易了，它们的价格还要更加高昂。

在此期间，犀牛角交易与消费的中心已不再是中国，而是越南，因为随着国家经济水平的提高，那里所有类型的野生动物产品交易都自20世纪90年代开始产生了极度的增长。自从有关癌症被治愈的传闻流传开来，犀牛角虽然仍然被当作药材使用，但是使用的方式与方法迅速地转变了：[1]特别讽刺的是，犀牛角如今在越南这个国家，愈发地成为增强力量的药物。在犀牛角产品的营销网络中，这个关于"中国的春药"，同时显然是错误的西方传奇故事被经常反复地提及，从而形成了一套自己的"真相"，它们甚至越来越多地变成一种"生活方式毒品"（Lifestyle-Droge）。在河内与西贡，有超过600名富裕的越南人承认，会使用犀牛角药粉来对抗宿醉，这个数字已经超过了被访问者的一半；而有1/3的人指出，这样可以让身体"排出毒素"——例如在吸食了过量的毒品以后。此外，这种灰色的自然特产还被制成了手镯、戒指、珠子、杯子和碗。大约重为40克的一小块装饰品就可卖出4000美元的价格，也就是每千克10万美元，或者说，单独一头重为5千克的犀牛角价值50万美元。

---

1 汤姆·米利肯与乔·肖："南非与越南的犀牛角贸易关联：机构失效的致命组合，野生动物工业的专业人员腐败与亚洲犯罪集团"（"*The South Africa – Viet Nam Rhino Horn Trade Nexus: A Deadlly Combination of Institutional Lapses, Corrupt Wildlife Industry Professionals and Asian Crime Syndicates*"），《国际野生动物贸易研究组织报告》（*TRAFFIC Report*），2012年。

在传统中医学中，它的功效实际上被过分夸大了，因为高
昂的价格早已使它成为越南不断繁荣的经济发展之中，那
些发达者的身份象征。极其富裕的商人会给他们的生意伙
伴进献整只犀牛角作为礼物。许多对非法围猎活动的研究
认为，投机者们其实早已储藏了许多犀牛角，他们就是在
等待犀牛的最终灭绝，这样才能把犀牛角的价格抬高到一
个天文数字的级别。一名河内的商人认为，要是能够获得
世界上最后的一只犀牛角，那该是多么幸运。'如此看来，犀
牛与我们的媒体和传播形式发展的古老关联如今已威胁到它
们的存在：在互联网时代，谣言与传说都很难被阻挡。

1　詹姆斯·费尔："犀牛保护的另外一面"（"The Other Side of Rhino Conser-
　vation"），《BBC 野生动物》（*BBC Wildlife*），2016 年 10 月，第 64、65 页。

拯救还是挽歌？

犀牛也属于所有人。

——伯恩哈德·格茨美克

直升机的旋翼在大草原上空发出嗒嗒的响声。驾驶舱中射出一发子弹——不一会儿，被射中的犀牛就开始跌跌撞撞。随后，地面上匆忙赶来几个男人，他们将这头数吨重的动物翻倒在一侧。伴随着刺耳的声音，一只电锯将犀牛角从其根部上方10厘米的位置切割下来。武装的安保人员接收到这些贵重的角块，并将其带到一个秘密地点，在那里，它们会被放入一个有着严格守卫的保险柜中保存起来。其间，犀牛会被注射一种清醒剂，仅仅20分钟后，全身的麻醉就会消退，这个大块头便开始蹒跚而行，最后用这种没有犀牛角的样子小跑起来。至此，获取犀牛角的过程就结束了：这个小队每天最多能收取24只犀牛的角——利用一套对它们来说并没有痛苦的程序。

在世界上最大的犀牛农场中，生活着约 1300 头白犀牛，它们像母牛一样，一到喂食时间就会来到装满了干草与浓缩颗粒饲料的饲料槽前。对于农场主约翰·休谟（John Hume）来说，它们就像是食草的赚钱机器。他拥有的犀牛数量占据其如今总存活数的 4%，他的保险柜里也储存有大约 5 吨犀牛角，估计价值 4500 万美元。每一年都有一吨重的角质会重新长出；一头犀牛在一生中平均可以被"收获"7 次。但是休谟无法利用它们来挣钱，因为在南非，贩卖犀牛角仍然是非法的。尽管如此，他的商业模式目前看来具有一定的合理性，因为它就像是一个物种保护工程，而不是滥用。大部分越南人，除去那些投机者之外，都仅仅是想要得到犀牛角，而并不在乎犀牛在被割取犀牛角后是否会死亡。大型的犀牛养殖则能够为亚洲市场保证持续性的犀牛角补给，农场主能获得收益，犀牛们也能继续生存。如果消费者们知道犀牛角能够长期获得，那么价格应该下降到偷猎野生犀牛不再值得的程度。

只要动物们的兽角还能卖出好价钱，那么用"古典的"方法去保护它们就会变得越来越难。自犀牛角的交易从 2007 年开始重新变得活跃，南非的动物自然保护区因此成为了一片屠宰场。仅仅在克鲁格国家公园（Kruger-Nationalpark）

中，那里本来生活着大约9000头犀牛，然而每天不仅有平均2到3头犀牛由于偷猎者而死去，而且这些人是从邻国莫桑比克跨越边境而潜入公园中的。在2010年到2015年间，有大约500名莫桑比克人在与猎场看守人的搏斗中丧生。"这些偷猎者大多是由于殖民驱逐，或者自然保护区与跨国界自然保护公园的建立而失去了他们祖传的土地或原本狩猎的区域。"安内特·许布施勒（Anette Hübschle）这样写道，她是研究跨国组织犯罪的经济科学家，[1] "这些死亡事件使得公园附近的乡镇居民变得更疏远，因为他们感受到，这些野生动物的生命被看得比那些死去的乡镇人员的生命还要重要"。

其他禁止狩猎犀牛的尝试都没有获得成效。野生的犀牛有时会遭到割锯，有的人则在犀牛角中注射形形色色的毒药，目的是让它们对消费者来说变得危险而没有价值。撇开对待动物的道德问题不谈，人们就可以用这种方式来伤害消费者吗？受到挫折的偷猎者甚至常常会杀害被割去了犀牛角的，或者被贩卖的犀牛。为了满足供给需求，一些生物科技公司打算向市场投放人工制造的犀牛角：酵母细胞能够生产出角

1　安内特·许布施勒："死亡的身份象征"（"A Status Symbol to Die For"），《马克斯·普朗克研究》（*Max Planck Research*），2015 年 1 月，第 73 页以后。

当约翰·埃利亚斯·莱丁格（Johann Elias Ridinger）1748 年 3 月在奥格斯堡（德国）绘制跳跃的克拉拉时，印度犀牛在印度还有很多

质蛋白，用于合成犀牛角；再添加一些微量元素，并使用基因技术制成"犀牛角 DNA"（Nashorn-DNS）；另外还需要一些"颜料"，以便将其在一种现代的 3D 打印机中进行铸制，这样一来，与天然犀牛角不论在物理结构、基因还是光谱学特征上都完全一致的人造犀牛角便完成了，并且可以进行大

规模生产。这样会不会反而激起人们对于犀牛角的需求？这种人工犀牛角的出现会不给野生犀牛造成压力，因为消费者还是更想得到"真东西"？合法出售农场培育的犀牛角，抑或是在市场上用人工的犀牛角充数，究竟有没有对市价产生有力的影响？如今，在售的超过 90% 的犀牛制剂都是伪造的——它们均来自水牛角。而与此同时，那些有关所谓疗效的神话却通过这种方式而获得了合理性。因此，这里的根本问题并不在于犀牛角是否有治疗效用，而是在东南亚，可能有足足 15 亿的人群已经接受了这一信念，然而现在地球上的犀牛只有不到 3 万头了。

　　人们应该去满足对犀牛角的需求，还是去制止它？这也是一个信念问题，实际上，濒危的犀牛已经成为了人类经济科学实验中的一只"小白鼠"，成为人们研究有关供需与市场力量问题的对象。已经有许多社会宣传活动同时在尝试改变人们的意识，以降低犀牛角的需求量：在"咬指甲行动"（Nagelkauerkampagne）中，知名人士试图通过啃咬手指上的人体角蛋白来证明，咬指甲并不能解决任何医学问题。由于传统中医学对犀牛角的使用只占据其使用方法的一小部分，因此在另一场活动中，宣传者们试图将人们的注意力转移到

"新的富有"。他们传递给大家，犀牛角作为礼物送给进步的商人，实际上是一种弱势的象征；在全球化的经济世界中，这么做并非表现出尊重，而是轻视。他们的标语便是："真正的领军人物并不需要它。"[1]这场观念运动受到了国际野生动物贸易研究组织（TRAFFIC）的支持，它专门监控濒危动植物物种的商业交易，这场活动则旨在激励那些潜在的犀牛角使用者去锻炼内心的力量，这种力量来自"志"，是人自身的生命力量——而不是由购买犀牛角，或者通过拥有某种身份的象征及护身符而获得证明的。这场"启蒙运动"逐渐地显现出成效，[2]但是在非洲，抢夺犀牛角的战争还在继续。时至今日，有大约 2.1 万头南部白犀牛、5000 头黑犀牛、3500 头印度犀牛、100 头苏门答腊犀牛、60 头爪哇犀牛和 3 头北部白犀牛在大

---

1 可在以下网址观看"犀牛运动"：http://breakingthebrand.org/campaigns/?-doing_wp_cron=1476268608.8006110191345214843750。

2 根据国际人类社会研究与华盛顿公约越南办公室的这份调查，在接受访问的对象中，只有 3% 的越南人承认参与了犀牛贩卖与消费。这一数字与去年相比下降了 1/3 有余。少于 1/4 的越南人相信犀牛拥有医学功能——尽管如此，还是有 38% 的受访者认为犀牛角有治疗作用。参见：www.wwf.de/themen-projekte/weitere=artenschutzthemen/wilderei/wissengegen-die-wil-derei。

在 1895 年左右，也就是奥地利人阿洛伊斯·策特尔（Aloys Zötl）绘制这幅水彩画的足足 30 年后，宽嘴犀牛似乎几近灭绝，但这个物种后来又得以恢复。如今，所有犀牛的未来都成问题

屠杀中存活了下来。[1]

　　最后的 3 头北部白犀牛已经"行将就木"。这两头母犀牛与一头公犀牛生活在肯尼亚的一座农场中，并受到了最为严格的监控，然而由于不同的原因，它们无法再自行繁殖。

---

[1]　数字取整，根据国际犀牛基金会数据，2016 年 10 月，http://rhinos.org/state-of-te-rhino。

人们不得不将对于其下一代的期望全部寄托在现代的繁殖药物上，这些药在其他的犀牛身上已经获得过几次成功：2007年在布达佩斯动物园，第一头在人工受精技术下诞生的南部白犀牛出世了；2014年在美国布法罗动物园，一头印度犀牛在其父亲死去的十年后出生了。然而，通过养殖的方式对苏门答腊犀牛所进行的拯救则是一场失败。自20世纪80年代中叶开始，大约有40只动物被捕获，其中就包括"莴苣姑娘"。不同于其他的物种，这些有毛犀牛在动物园中根本不进行繁殖。直到2001年，一头苏门答腊犀牛终于在辛辛那提市诞生了——在经过了多次的激素调理之后。同一时期，这一品种在世界上的数量却减少到了原先的1/10左右；如今，除去它们最初生活的地区，人类的范围内已经再也没有苏门答腊犀牛。所幸在这些年间，人们还是掌握了许多适用于有毛犀牛的非常复杂的生物繁殖技术，因此在2016年，一只小家伙在苏门答腊的一座养殖站中出生了。

　　如果最后3头北部白犀牛死去，从它们作为亚种的角度来说，还只是"灭绝了一小部分"。因为人们已经将它们的精子、卵子还有皮肤细胞都冷冻起来了。只要还有它们的近亲南部白犀牛存在，人们就可以将其他亚种的受精卵置入它们体内，这样一来，北部白犀牛就有可能，按照一个专业术语的说法："从灭绝中退回"。但这一切的前提必须是，南部白犀牛得以存活。人们在一个数据模型中计算了它们的灭绝风险：如果对于犀牛角的需求量保持不变，其他的背景条件也保持如今的状态不变，那么南部白犀牛也许能够独自在南非，即在这个它们最常受到保护，也是目前为止保护得最好的国家中，生存到 2036 年。[1]

---

1 蒂莫西·C．哈斯（Timothy C. Haas）与山姆·M．费雷拉（Sam M. Ferreira）："濒危保护，犀牛将何时灭绝？"（"Conservation Risks. When Will Rhinos be Extinct?"），《电气与电子工程师学会控制论汇刊》（*IEEE Transactions on Cybernetics*），2016 年 8 月，第 1721 页以后。http://ieeexplore.ieee.org/stamp/stamp.jsp?arnumber=7236914。

在结束之前的一场爱的宣言

亲爱的上帝，你是老板，阿门。你的犀牛。

——哈里·罗沃尔特（Harry Rowohlt）

您知道诺贝特·纳肯蒂克（Norbert Nackendik）[1]吗？那是一个真正令人厌恶的人，一个暴君，没有人想要与他扯上关系。他暴怒不堪地在非洲大草原上徘徊，所有人都对他俯首。"唯一的，我唯一能信任的，就是我自己。这就是我的哲理。"这句话多么适用于一场爱的宣言！诺贝特·纳肯蒂克是一头神话中的怪兽，但并非高贵的独角兽，也不是喷射火焰的龙，而是一头执拗的犀牛。在米夏埃尔·恩德（Michael Ende）的儿童寓言中，诺贝特那种自我中心主义式的、令人厌恶的本质让人不禁对人的自我认知与他者认知陷入思考：我究竟是谁？我在世间的地位是什么？我与他人的关系如何？

---

[1] 纳肯蒂克同时也是德语单词，意思为"脖颈粗壮的"。——译者注

这难道不令人惊讶吗？犀牛的身上似乎拥有什么东西，能让我们不时地将自身的存在问题投射进去。这一点已经在儿童书籍中有所体现，并且正是与犀牛的形象特征有关：怎么会有这样的东西存在？由此，犀牛成为了这个巨大疑问背后，一个活生生的动物范例。它们不像忠诚的狗、有智慧的大象或者聪明的海豚，这种与人类在情感上更为亲近的动物，而是与我们保持疏远的犀牛。每当我们相遇，它们的身上总有一些东西会让我们注意到自己，虽然它们大多数时候只是站在那里，恬淡地吃着草 ——它们还生活在两种境遇里，噢，不，是在它们的心里有两种状态：一种是带着极大的亲切与友好，而另一种是 ——当它们颈部的皮肤开始爆裂 ——那就意味着毁灭性的、无法控制的暴怒。

犀牛的脸庞上正诉说着那段原始的时代 ——其中还隐藏着事物的变迁与短暂性。那段有关犀牛的佛经是这样结尾的：

渴望、仇恨与幻想离开了，

它们将一切爆裂吞噬，

不再害怕生命何时结束，

人们想要独自漫游，就像犀牛一样。

如果有谁将犀牛描述为动物园中那种已经跟不上时代的"老古董"，那便是忽视了犀牛那段令人难以置信的成功史。这些具有连贯性的肖像至少让人领会到，在过去的 5000 万年中，它们的存在发生了什么样的演变。犀牛的亲缘动物们完全是生态学中的多面手，它们是各大洲哺乳动物群的重要组成部分：能够适应各种不同的环境与气候。只是它们那原始的外表会使得一部分人误以为，犀牛的时代已经过去了——以为它们没有能力在现代社会生存。然而直到那时，可以说在 150 年前，也仿佛就在昨天，它们还广泛地分布在非洲与亚洲——还相当常见。是它们错过了适应当下的时机吗？不，唯一的，它们从那以来唯一没有学会的就是，去抵抗流言与子弹。但谁又能做得到呢？

如果犀牛在不久的将来真的销声匿迹，我们又将何往？还有谁能够向我们提出那些本质的问题？谁将会接替它们的角色？

我们将会孤独地漫游。

肖
像

犀貘

学　名：*Hyrachyus minimus* †
德文名：Vornashorn
英文名：Rhinoceros-like mammal
法文名：Protorhinocéros

　　犀貘属（*Hyrachyus minimus*）与犀牛的外表并非完全相似，它更像是一匹头脑迟钝的纤瘦的小马。有些人认为，这种狼狗般大小的有蹄类动物是貘科的一个原始品种，虽然它缺少貘科动物所特有的鼻子，但它的牙齿足以令人联想到犀牛。马、貘与犀牛——三者至少是近亲，并均属于奇蹄类动物，即蹄趾数量为奇数。一副完整的、约具有 4900 万年历史、高约 60 厘米的犀貘骨架在达姆城（法兰克福附近）附近的梅塞尔化石坑（Grube Messel）中被发现：它来自地质年代，也就是那个被希腊女神称为"曙光"的时代，即始新世。在当时，恐龙由于地球遭到撞击而灭绝，不久之后，其他所有的巨型陆生动物也逐渐销声匿迹了，哺乳动物的发展则正是从那时开始。各种生物，其中也包括犀貘（*Hyrachyus*），从当时难以区分的形态，发展到如今具有明显特征的动物种类，其间经历了巨大的跳跃与不断加剧的特化生长，且这一发展还在继续。欧洲当时距离赤道更近，因此那头来自梅塞尔的犀貘与早期的灵长类动物、蝙蝠与鳞甲类动物、原始马类、软壳龟与短嘴鳄一同生活在黑森州温暖的雨林湖泊附近。犀貘的亲缘品种聚居在欧亚大陆与北美洲的主要地区，并且大多栖身在热带、亚热带雨林或者水源附近；有一些种类与马匹的体形相似。

1m

两栖犀

学　名：*Metamynodon planifrons* †
德文名：Flusspferdnashorn
英文名：Hippo-like rhinoceros
法文名：Rhonocéros-hippopotame

　　仅仅因为动物们之间看起来非常相似，还不足以说明它们的亲缘关系：鲨鱼与海豚之间并无关联，但都拥有一副流线型的身材，因为它们在海洋中的生活方式接近，都是敏捷的猎手。已经灭绝的塔斯马尼亚袋狼（澳大利亚）虽然与我们欧洲的狼相似，但却是一种有袋类动物，就是像袋鼠与考拉那样，会把幼崽装在身体的口袋中四处活动。大约 3000 万至 3500 万年前生存于北美洲的两栖犀（*Metamynodon planifrons*）也属于这种"趋同进化"的范例：这种没有角的原始犀牛身长可达 4 米，体重可达 2 吨。它们与河马一样，腿部相对较短，而有着长而宽阔的躯干，眼睛位于头部的上面 —— 很可能是为了能够潜伏在水中，同时观察外部的事物。它拥有向外扩张的尖牙、强健的下颚肌肉以及与犀牛相似的厚嘴唇，可用来食用植物。它宽大的臼齿与其坚硬的齿冠让人猜测，是能够像割草机那样啃食粗糙的植物。它的化石常常在原始时代的沙质河床中被发现 —— 这是它们习惯生活在水边的又一证据。在那个时代，两栖犀属（*Metamynodon*）是北美洲最大型的哺乳动物。正因为它看起来像河马，也许行为方式也很相像，因此它属于犀牛的亲缘种类。然而，与当今的河马亲缘性最高的物种却是鲸。

1m .....
.:.
.:.
.:.
.:.
.:.
.:.
.:.
.:.
.:.

巨犀

学　名：*Paraceratherium grangeri* †
德文名：Giraffennashorn
英文名：Giraffe-rhinoceros
法文名：Rhinocéros-girafe

曾经存在过的最大型的陆生哺乳动物同样属于犀牛的亲属。在3000多万年前，当气候开始变得凉爽，热带雨林逐渐干缩，开放式的草原风光便形成了。一种有着长腿与延长了脖子的巨型生物便生活在那里，它们让人想起今天的长颈鹿，但是它们的体格更加强健。巨犀看起来像若干个生长在东欧与当今中国之间地域的混合物种，它们中的一些能达到9米长、近6米高、20吨重。（如今那些与巨犀并无亲缘关系的大型长颈鹿最多重1.5吨）因此，它们也能触碰到中高等树木的树冠部分；它们很可能像如今食用树叶的犀牛品种一样，拥有用来扯下树叶的灵活嘴唇。当气候继续变凉，巨犀也许就灭绝了。此外，当时非洲与欧亚大陆之间被陆桥连接起来，它们的竞争者，即如今大象的祖先，也迁移至此。这些竞争者装备了更加灵活的鼻子，每天都能采摘几百千克的树叶为食。不仅如此，在巨犀存在的几乎同一时间，北美洲上还生活着这种庞然大物的近亲：跑犀属（*Hyracodon*）中的"奔跑的犀牛"（Rennende Nashörner），它们的体形要小得多，能够快速地奔跑，与原始的马类相似。

1m

月角犀

学　名：*menoceras arikarense* †
德文名：Paarhorn-Nashorn
英文名：Crescent Horns Rhinoceros
法文名：Rhinocéros à cornes en faucille

　　终于说到了一种有角的犀牛！虽然两角犀牛的角是按照不同寻常的方式生长的：月角犀（*Menoceras arikarense*）的两只角并非前后相继而立，而是位于鼻尖的两侧。从这个意义上说，月角犀至少已经算得上现代犀牛的早期代表。这种与猪类一般大小的犀牛与它们如今的亲属之间还有一个差别在于：只有公犀牛拥有犀牛角，母犀牛很可能没有，或者最多在鼻翼上有小块的凸起。因此它们并不能使用这种"刺戳型武器"来保护其幼崽不受其他猛兽的侵害。于是有人推测，早期公犀牛的犀牛角是为了选择伴侣，即为了争夺雌性犀牛而长成的。根据这一假说，后来出于防御的目的，犀牛角才逐渐在两种性别中都有所凸显。月角犀属（*Menoceras*）的品种于 2300 万至 1800 万年前生活在欧洲，但最先是在南美洲，在那里，这一品种的化石最为常见。结合首先在北美大平原上出土的发掘物与它们少量的规模可以推测出，月角犀会大群地聚居在一起，就像如今的马。在 5000 万年的时间里，犀牛都是北美洲最为成功并且占据优势地位的动物群组之一。随着那里的亚热带草原逐渐消失，气候变得愈发寒冷、干燥，它们也在 500 万年前灭绝了。

1m .....
.....
.....
.....
.....
.....
.....
.....
.....
.....
.....
.....
.....
.....
.....
.....
.....
.....

板齿犀

学　名：*Elasmotherium sibircum* †
德文名：Sibirisches Einhornnashorn
英文名：Gaint Rhinoceros of Sibiria
法文名：Licorne géante

　　它还存活着！板齿犀（*Elasmotherium*）是一种真正的独角兽，它的犀牛角长在额头而并非鼻子上。然而除此之外，它与那种优雅的神话生物之间就再无任何相似之处：5 至 6 米长，至少 2 米高，4 至 8 吨重，这种健壮的犀牛就这样顶着它那只巨大的犀牛角。经过仔细地测量，它头上那块支撑着犀牛角、呈圆拱形向上凸起的额骨直径也高达 35 厘米——比一张慢转密纹唱片还要大。因此人们推测，它的犀牛角本身可达 2 米长。由于它的角与其他犀牛角一样，由角质蛋白组成，即一种有机物，无法像骨骼那样经久不腐，因此在犀牛的化石中没有任何犀牛角的残余物。这种独角犀牛是一种草原居民，主要生活在从东欧跨越西伯利亚直至中国北部的地区。至少在北部地区，其粗壮的身躯上覆盖有厚重的皮毛。它的牙齿也适于坚硬的草类食物。第一件被发掘出来的板齿犀类化石有着大约 260 万年的历史。人们一直认为，这种巨型动物在 35 万年前就已经灭绝了，然而在 2016 年，人们又在哈萨克斯坦发现了具有 2.9 万年历史的骨架。因此，这种巨型独角犀牛很可能与"直立人"（*Homo erectus*）、尼安德特人（杜塞尔多夫），甚至与史前时代的"智人"（*Homo sapiens*）打过照面。谁知道呢，也许有些板齿犀存活的时间更为久远，也许那些古代中国的关于独角兽的传闻，是由目击者的亲身经历流传而来？

1m

披毛犀

学　名：*Coelodonta antiquitatis* †
德文名：Wollnashorn
英文名：Wooly rhinoceros
法文名：Rhinocéros laineux

　　也许是某位印度人将这种犀牛带到了西伯利亚，法国哲学家伏尔泰（Voltaire）这样回复他的笔友叶卡捷琳娜二世（Zarin Katharina der Großen）。她在信中称，1771 年在雅库特地区（西伯利亚），一头犀牛留下的，保存完整的一只脚被发现。它们属于 50 万年前居住在寒冷的西伯利亚草原，后来还出现在欧洲中部地区的一个犀牛品种。在西伯利亚永久冻土带的土地中，至今为止都时常有披毛犀的冰冻干尸被发现。这种体格强壮的犀牛最多有 3.5 米长，肩高最高达 1.7 米，重达 3 吨。有机物常常被封存在完全冻结的尸体中，例如在肉质，以及所有由蛋白质组成的物质中：包括头发与兽角。披毛犀是史前时代中唯一有犀牛角的犀牛——已知的最长犀牛角长达 1.2 米，重 11 千克。犀牛角前缘有打磨的痕迹，这是因为它们必须用角推开覆盖着植物的积雪层，以获得食物。尽管如此，它们并不会生活在深度积雪的区域。它们与猛犸、巨鹿与原始野牛一起生活在寒冷、干燥，并且大多不结冰的大型草原上。在大约一万年前，它们由于气候重新回暖而灭绝了。此前，它们已经在寒冷的庇护所中度过了好几次温暖期。岩画上经常有披毛犀的形象出现：是那些狩猎的智人们给了它们致命的一击吗？

1m .....
.....
.....
.....
.....
.....
.....
.....
.....

苏门答腊犀

学　　名：*Dicerorhinus sumatrensis*
德文名：Sumatra-Nashorn
英文名：Sumatran rhinoceros
法文名：Rhinocéros de Sumatra

　　来自冰河时期的披毛犀的下一位亲属——有毛的苏门答腊犀，生活在热带雨林以及温暖的山林中。它使用那角质化的"肿块鼻子"在茂密的植被中开辟了一条生存之路。由于足部较短，因此它能够攀爬上陡峭的斜坡。作为游泳健将，它还能够独自到达海岸前的岛屿。其肩高达 1.5 米，体重在 600 千克至 950 千克之间，身长达 3 米，是目前存活的体形最小的犀牛品种。150 年前，它遍布于整个东南亚地区：从印度的东北部，跨越中南半岛，一直到马来西亚半岛与整个东南亚群岛。如今，在陆地上生活的"北方亚种"（*lasiotis*）已经完全灭绝了，还有数百头苏门犀的亚种（*sumatrensis*）生活在苏门答腊，一些"婆罗亚种"（*harrisoni*）生活在婆罗洲（马来西亚）。不仅偷猎者的存在对它们有所威胁，棕榈油种植园的开垦也将破坏它们最后的生存空间，因为本来就为数不多的犀牛一旦溃散为零散的小群体，那它们将无法抵御某些危险。因此，自 1600 万至 2300 万年前就业已存在的属于双角犀属（*Dicerorhinus*）的苏门答腊犀，在如今所有的物种中，面临着最大的灭绝危机。人们对于它们在自然界中的生活知之甚少。它们主要食用柔软的树叶与水果。极端的独行者只会在交配时出现，小犀牛会在 15 到 16 个月的孕育期后出世，它们属于最小巧的动物婴儿之一。

1m .....
.....
.....
.....
.....
.....
.....
.....
.....
.....
.....

爪哇犀

学　名：*Rhinoceros sondaicus*
德文名：Java-Nashorn
英文名：Javan rhinoceros
法文名：Rhinocéros de Java

在 18 世纪，爪哇地区曾悬赏奖励射杀爪哇犀的行为，因为它们是茶叶种植园的"害虫"，而且数量众多。而如今，它们是地球上最稀有的大型哺乳动物：仅有大约 60 头样本正相对受到保护地生活在爪哇西部角落的乌戎库隆国家公园（Nationalpark Ujung Kulon）。在过去，这种有三个亚种的犀牛广泛地分布在东南亚地区。来自孟加拉、阿萨姆与缅甸的亚种"印度爪哇犀"（*inermis*）自 1925 年开始便灭绝了；在越南的亚种，即"越南爪哇犀"中，已知的最后一头死于 2010 年。爪哇犀以其近乎 4 米的身长、1.7 米的肩高以及达 2.5 吨的体重，看起来就像印度犀牛的缩小版，但是它们的皮肤上呈现出仿佛六边形组成的马赛克拼贴画。作为真正的"水老鼠"，它们喜欢在静水或缓慢的水流中泡澡。雄性犀牛长着一只相对较短的犀牛角，最多只有二十几厘米长；雌性犀牛几乎完全没有角，只有一只小小的角块。这种犀牛最终退居到爪哇岛的某一片区域，在那里，它们曾经从喀拉喀托火山（Krakataus）的爆发中获得了不少益处，逐渐恢复生机的树林就为它们提供了许多养料，例如新鲜的树叶与嫩芽。而如今，成熟的树林不再能够提供用以喂养更多犀牛的食物，因此人们打算建立第二个适于这一种群生活的居所，因为任何一场疾病、偷猎热潮或者一场新的火山爆发，都有可能导致这一物种最终消亡。

1m .....
.....
.....
.....
.....
.....
.....
.....
.....
.....

印度犀

学　名：*Rhinoceros unicornis*
德文名：Panzernashorn
英文名：Indian Rhinoceros
法文名：Rhinocéros indien

　　在 1400 年左右，印度犀还广泛地分布在从印度次大陆一直到如今的巴基斯坦这片区域——大约有 50 万头动物当时生活在开阔的草原以及河流沿岸的沼泽地区。犀牛们很少让自己远离水源超过 2000 米的范围。当农业生产沿着恒河（Ganges）与雅鲁藏布江（Brahmaputra）不断发展，沼泽也被逐渐排干，这一变化将这个物种不断地向印度的东部排挤，直至喜马拉雅的前麓地带。在英国殖民时期，那里的犀牛由于捕猎而几乎灭绝。如今有大约 3500 头印度犀重新生活在印度东部及尼泊尔的国家公园里。它们是最大的亚洲犀牛种类，身长达 3.8 米，肩高达 2 米；公犀牛体重为 2 吨，有时甚至近乎 3 吨。印度犀只有一只犀牛角，大多 30 厘米左右——最长的记录是 80 厘米。但是它们更为致命的武器是下颌锋利的门牙，可以造成极深的伤口。它们通常独居，但有时候也有超过 30 头巨物在静止或缓慢的水流中，毫无敌意地靠在一起泡澡。它们是优秀的游泳选手，食用青草与树叶，并且不仅仅在地面上，而且也会食用水生或者漂浮的植物。多亏了极端严密的保护措施，使得印度犀虽然在当时频繁遭到非法猎杀，但如今的数量总算还保持了稳定。

1m .....
.....
.....
.....
.....
.....
.....
.....
.....
.....

黑犀 [1]

学　　名：*Diceros bicornis*
德文名：Spitzmaulnashorn
英文名：Black Rhino
法文名：Rhinocéros noir

　　400 万年以来，当南方古猿（*Australopithecus*）还在非洲大草原上行走，黑犀就已经陪伴在我们的进化历程之中，当时它们还遇到过在"智人"出现之前就居住在地球上的一系列早已灭绝的人类品种。可以说，黑犀是非洲最有成就的大型动物。虽然只有约 5000 头得以存活，但据估计，在 1900 年，它们的数量还有 100 万头左右，因为作为一种具有适应能力的品种，它们在撒哈拉以南许多不同的开放空间中都能够生存：从经典的稀树草原，到肯尼亚的山林与非洲南部潮湿的沙丘树林，一直到纳米比亚多石的半荒漠。唯独在雨林中不见它们的身影。它们用尖形的嘴唇扯下灌木以及矮小树木的叶子，包括带刺的枝芽。由于会食用许多水果，所以它们也是重要的播种者。这种动物会长到 3.5 米长，几近 1.5 吨重，肩高达 1.7 米。通常情况下，它们会独自居住，母犀牛有时会带着小犀牛一起生活。黑犀由于其神经质的暴脾气而著称，是具有攻击性的品种：不同于亚洲犀牛，它们并不擅长游泳，而是喜爱在满是污泥的水坑中给自己降温；由于长期进行"泥沙浴"，泥土会在它们身上结成一层硬壳，这能保护它们免受寄生虫的侵害。黑犀的四个亚种之一——来自喀麦隆的"西部黑犀"（*Diceros bicornis longipes*）——自 2011 年以来被认为已经灭绝。

1　又叫作非洲双角犀、尖吻犀、钩唇犀等。——译者注

1m .....

白犀 [1]

学　　名：*Ceratotherium simum*
德文名：Breitmaulnashorn
英文名：White Rhino
法文名：Rhinocéros blanc

　　白犀是继大象之后仍然存活在地球上的最大型的陆生动物：超过 4 米长，肩高 1.8 米，一些公犀牛能重达 3.5 吨。这是唯一群居性的犀牛品种，至少母犀牛会成群结队，有时甚至 12 头动物一同生活。它们使用那宽阔的"割草机式的嘴巴"在开阔的大草原上进食；这种嘴唇不像其他犀牛的那样适用于扯下树叶。作为极具影响力的"生态系统工程师"，这些庞大的动物能够制造出大面积的短草层，在干燥的大草原上，这样不仅能防止灌木火灾的频繁发生，同时也为羚羊创造出了大片的草甸。南方的白犀牛"南部白犀"（*Ceratotherium simum simum*）曾经遍布于整个非洲南部，在受到欧洲垦殖者的大范围捕杀后，到 19 世纪末期，人们一度认为它们已经灭绝了。后来人们又在纳塔尔（南非）的乌姆福洛济河（Umfolozi-Flss）附近找到了 20 至 50 头白犀牛，在严格的保护措施之下，它们的数量开始重新增长。如今有大约 2 万头样本存活于世：对于这些巨大的、出生率却较低的动物来说，这是一种不可思议的恢复状况——至少在争夺犀牛角的战争重新被打响之前。北方的亚种"北部白犀"（*Ceratotherium simum cottoni*）曾经大群地生活在从刚果经过苏丹直至乌干达的大草原上，然而经过后殖民时代的纷乱，它们在各处都绝迹了。对于最后的 3 头——它们全部都无法生育——目前人们可以在肯尼亚的一座农场中观看到它们如何走向灭亡。

1　又叫作方吻犀、宽吻犀。——译者注

1m

参考文献

Alfred Brehm, *Brehms
Tierleben, Säugetiere,* Band 1,
Leipzig 1926.

Richard D. Estes: *The Behavior
Guide to African mammals.
Including Hoofed Mammals,
Carnivores, Primates,* Berkeley /
Los Angeles / Oxford 1991.

Lothar Frenz: *Lonesome George
oder das Verschwinden der Arten,*
Berlin 2012.

Bernhard Grzimek: *Auch
Nashörner gehören
allen Menschen. Kämpfe um
die Tierwelt Afrikas,* Frankfurt
am Main / Berlin 1962.

Ragnar Kinzelbach: *»Augusta«.
Das erste Panzernashorn in
Europa. Eine Natur- und Kultur-
geschichte,* Hohenwarsleben 2012.

Wighart von Koenigswald:
*Lebendige Eiszeit. Klima und
Tierwelt im Wandel,* Darmstadt
2002.

Klaus Krüger, Andreas Schal-
horn und Elke Anna Werner
(Hrsg.): *Double Vision. Albrecht
Dürer / William Kentridge,*
München 2015.

Fred Kurt: *Die Gärtner von Eden.
Reportagen über das Abenteuer,
wilde Tiere zu erforschen
und bedrohte Arten zu erhalten,*
Hamburg 1991.

Neil MacGregor: *Eine Geschichte
der Welt in 100 Objekten,*
München 2011.

Esmond und Chryssee Bradley
Martin: *Run Rhino Run,*
London 1982.

Adrienne Mayor: *The First
Fossil Hunters. Paleontology in
Greek and Roman Times,*
Princeton / N. J. 2000.

Armin Püttger-Conradt:
*Der Fluch des Horns. Die letzten
weißen Nashörner im Kongo,*
München 2006.

Glynis Ridley: *Claras Grand Tour: Die spektakuläre Reise mit einem Rhinozeros durch das Europa des 18. Jahrhunderts*, Hamburg 2008.

Theodore Roosevelt: *African Game Trails. An Account of the African Wanderings of an American Hunter-Naturalist*, Boston / M. A. 2005.

Alan Root. *Ivory, Apes and Peacocks. Animals, Adventures and Discovery in the Wild Places of Africa*, London 2012.

Eugen Schuhmacher: *Die letzten Paradiese. Auf den Spuren seltener Tiere*, Gütersloh 1966.

Andy Warhol und Kurt Benirschke: *Vanishing Animals*, New York / N. Y. 1986.

Herbert Wendt: *Die Entdeckung der Tiere. Von der Einhorn-Legende zur Verhaltensforschung*, München 1980.

Don E. Wilson und Russell A. Mittermeier (Hrsg.): *Handbook of the Mammals of the World*, **Band 2:** *Hoofed Mammals*, Barcelona 2011.

Eine Fundgrube für Informationen über Nashörner, über Aktuelles, wissenschaftliche Veröffentlichungen, Literatur und Bilder, ist das Rhino Resource Center von **Kees Rookmaker:** *www.rhinoresourcecenter.com*

图片索引

第 39 页

Rhinozeros.

P. Kolb:Naaukeurige en uitvoerige beschryving van kaap de Goede Hoop, Amsterdam 1727.

第 45,46 页

Illustrationen von Jan Wandelaar in B. S. Albinus:Tabulae sceleti et musculorum corporis humani, 1749.

第 49 页

Clara in Zürich.

David Redinger, 1748.

第 50—51 页

Clara in Paris.

Jean-Baptiste Oudry, 1749.

第 53 页

Das Rhinozeros.

Pietro Longhi, 1751.

第 58 页

Nashörner in der Chauvet-Höhle.

第 66 页

Salvador Dalí mit Rhinoceros © Philippe Halsman /Magnum Photos / Agentur Focus.

第 70 页

*Roosevelt with his big bull rhino,*1919.

第 73 页

Philip R. Goodwin in T. Roosevelt: African Game Trails, New York 1910.

第 77 页

Afrikanisches Spitznashorn.

Brehms Tierleben, Leipzig 1911.

第 81 页

The Black Rhinoceros.

Thomas Baines, 1871.

第 84 页

Daphne Sheldrick und Rufus, das Rhino, January 1981.

© SSPL/Getty Images

第 88 页

Rhino sondaicus.

Hermann Schlegel, 1839

© 2016, Antiquariat Stefan Wulf, www.rarebooksberlin.de.

第 91 页

White Rhinoceros.

Herbert Lang, Zoological Society Bulletin, Vol. XXⅢ , № 4,

July 1920.

第 97 页

Rhinoceros cucullatus.

J.C. D. Schreber: Die Säugthiere in
Abbildungen nach der Natur, mit
Beschreibungen, Erlangen, 1855.

第 103 页

Rhinoceros Clara.

Johann Elias Ridinger.

Mit freundlicher Genehmigung
des Rhino Resource Center,
www.rhinoresourcecenter.com

第 106 页

Rhinoceros sinus.

Aloys Zötl, 1861.

第 115–135 页

Illustrationen

von Falk Nordmann, Berlin 2017.

作者简介：

洛塔尔·弗伦茨 (Lothar Frenz)，1964 年出生于美因茨，生物学家与记者，主要研究生物多样性及其保护。他的书《孤单的乔治或物种的消失》在 2013 年被评为"年度环保书籍"。。

译者简介：

韩嫣，德语文学博士，毕业于北京外国语大学，现任华北电力大学教师。主要研究方向为德语文化学理论、现代德语文学、动物诗学等。

图书在版编目（CIP）数据

犀牛 / (德) 洛塔尔·弗伦茨 （Lothar Frenz）著；
韩嫣译 . —北京：北京出版社，2025.4
　ISBN 978-7-200-13890-0

Ⅰ . ①犀⋯ Ⅱ . ①洛⋯ ②韩⋯ Ⅲ . ①犀科—普及读
物 Ⅳ . ① Q959.843-49

中国版本图书馆 CIP 数据核字（2018）第 025988 号

策　划　人：王忠波　　　　　学术审读：刘　阳
责任编辑：王忠波　邓雪梅　　责任营销：猫　娘
责任印制：燕雨萌　　　　　　装帧设计：吉　辰

犀牛
XINIU

[德] 洛塔尔·弗伦茨　著　韩嫣　译

出　　　版：北京出版集团
　　　　　　北 京 出 版 社
地　　　址：北京北三环中路 6 号（邮编：100120）
总 发 行：北京出版集团
印　　　刷：北京华联印刷有限公司
经　　　销：新华书店
开　　　本：880 毫米 ×1230 毫米　1/32
印　　　张：5.25
字　　　数：80 千字
版　　　次：2025 年 4 月第 1 版
印　　　次：2025 年 4 月第 1 次印刷
书　　　号：ISBN 978-7-200-13890-0
定　　　价：68.00 元

如有印装质量问题，由本社负责调换　质量监督电话：010-58572393

著作权合同登记号：图字 01-2017-8342